경북의 종가문화 20

독서종자 높은 뜻,
성주 응와 이원조 종가

경북의 종가문화 20

독서종자 높은 뜻,
성주 응와 이원조 종가

기획 | 경상북도 · 경북대학교 영남문화연구원
지은이 | 이세동
펴낸이 | 오정혜
펴낸곳 | 예문서원

편집 | 유미희
디자인 | 김세연
인쇄 및 제본 | 주) 상지사 P&B

초판 1쇄 | 2013년 10월 31일
    2쇄 | 2017년 6월 16일

주소 | 서울시 성북구 안암동 4가 41-10 건양빌딩 4층
출판등록 | 1993년 1월 7일(제307-2010-51호)
전화 | 925-5914 / 팩스 | 929-2285
홈페이지 | http://www.yemoon.com
이메일 | yemoonsw@empas.com

ISBN 978-89-7646-309-8 04980
ISBN 978-89-7646-307-4 (전8권)
ⓒ 경상북도 2013 Printed in Seoul, Korea

값 20,000원

경북의 종가문화 20

독서종자 높은 뜻,
성주 응와 이원조 종가

이세동 지음

예문서원

　　응와종가凝窩宗家에 대하여 글을 쓰라고 한다. 필자에게 요청한 이유가 아마 자손이기 때문일 터이지만, 자손이기 때문에 글을 쓰지 않아야 하는 이유도 있다. 써야 하는 까닭은 정확하게 많이 알고 있기 때문이고, 쓰지 않아야 하는 까닭은 사사로움에 치우칠 수 있기 때문이다. 필자는 쓰는 쪽을 택하였다. 사사로움에 치우치지 않도록 객관적 관찰자 입장을 고수하였다. 써야 하는 장점은 살리고 쓰지 않아야 하는 단점은 줄이려고 노력했다. 그럼에도 불구하고 독자가 '사사로움'으로 읽는다면 그것 역시 필자의 몫이다.

　　응와를 낳은 한개마을은 오백여 년의 역사를 가진 유서 깊은 마을이다. 골 깊은 기와들이 지붕마다 얹혀 있고, 그윽한 골목마다 기품이 서려 있다. 가묘에 신주를 모신 집이 서너 집이고, 4대에 걸쳐 맏집으로 내려온 큰집이 부지기수다. 그러나 성산이씨 일문이 오순도순 살아오던 이 마을이 세상에 이름을 드러낸 것은 그리 오래된 일이 아니다. 안동의 하회나 경주의 양동처럼 예전부터 큰 이름이 있었던 마을이 아니라는 말이다.

마을이 세상에 드러나려면 몇 가지 조건을 갖추어야 한다. 마을의 모습이 반듯하여 품위가 있어야 하고, 품위를 지켜 온 사람들이 대를 이어 살고 있어야 하며, 품위를 만들어 준 훌륭한 조상이 있어야 한다. 한개마을은 이 세 가지를 모두 갖추었다. 그러나 한개마을이 한개마을을 한개마을되게 한 인물을 배출한 것은 오래지 않다. 한개마을이 사람들의 눈길을 제대로 받기 시작한 것은 응와가 나오고부터다. 마을이 인물을 낳아 빛나게 된 것이다. 그러나 반듯한 마을에서 품위를 지켜 온 선조들이 없었다면 응와도 인물이 되기 어려웠을 터이니, 인물도 마을을 잘 만난 셈이다. 한개마을과 응와 이원조는 이렇게 어우러져 마을의 역사를 이루었다.

책의 부제를 '독서종자讀書種子 높은 뜻' 이라고 하였다. '독서종자' 에는 응와의 염원이 서려 있기 때문이다. 독서종자는 '글 읽는 씨앗' 이라는 뜻이다. 독서를 가업으로 삼되, 종자라고 한 것은 씨앗이 열매를 맺고 열매는 다시 씨앗이 되라는 말이다. 아버지가 전하고 아들이 이어받아 대대로 끊어지지 말라는 당부이다. 그 당부가 아들을 만들고 조카를 만들어 한주寒洲 같은 인물이 나와 한개마을은 빛을 더하게 되었다.

응와는 재능과 벼슬로 이름이 났다. 18세에 문과급제하여 판서까지 올랐으니 그럴 만도 하다. 소년등과도 어렵거니와, 숙종조 이후 영남 땅에서 판서를 구경하기가 그리 쉬운 일이 아니었기 때문이다. 그러나 응와를 재능과 벼슬만으로 국한하고 보면 그의 학자적 풍모가 아깝다. 그의 학문이 조카 한주를 길러 냈고 한주는 한 시대의 유종儒宗이 되었다. 이렇게 해서 한개마을은 벼슬과 학문이 모두 우뚝한 마을이 되었다.

그런 응와를 기리는 사람들의 마음이 모여 응와의 기제사는 불천위가 되었고, 응와의 주손胄孫은 종손이 되었다. 이제 그 주인공 응와의 삶과 대대로 전해진 독서종자의 가업을 소개하려 한다. 더불어 한개마을의 역사와 종가의 이모저모들도 찬찬히 추적할 것이다. 사사로이는 필자의 재종숙부이자 응와 종손이신 이수학李洙鶴 선생의 도움 말씀에 감사드리고, 귀중한 사진들을 제공해 주신 한국국학진흥원과 한개마을보존회 이수인李洙仁 회장께도 사의를 표한다. 경북대학교 영남문화연구원의 종가연구팀은 줄곧 뒤에서 도와주었다. 고마운 마음을 전한다.

필자는 어린 시절을 한개마을에서 뛰놀며 보냈다. 봄이면 지천으로 피는 꽃들을 보며 마음이 설레었고, 여름이면 동류들과

어울려 마을 앞 백천에서 멱감고 놀았다. 가을이면 황금벌판에
메뚜기를 잡으러 다녔고, 겨울이면 얼어붙은 논바닥에서 썰매를
지쳤다. 도폿자락 휘날리던 어른들의 기침소리에 주눅이 들었
고, 제삿날이 되면 부산하고 엄숙한 풍경들이 마냥 좋았다. 그 시
절이 그립다.

2013년 5월
이세동

차례

제1장 오백 년을 내려온 땅, 한개마을

1. 배산임수 터를 잡고

　　일찍이 이중환은 『택리지』에서 "성주는 산천이 밝고 수려하다" 하였다. 경북 성주의 한개마을은 그 밝고 수려한 산천을 앞뒤로 둘러 배산임수를 제대로 한 성산이씨星山李氏 동족부락이다.

　　성주의 진산인 수도산(1317m, 현재 김천시 관내 소재)이 가야산맥에서 분기하여 동으로 달려가 염속산(870m)과 백마산(716m)을 올리고, 다시 동남으로 달려 서진산(742m)을 이루었다. 서진산이 남으로 곧장 내려가 도고산(349m)을 거쳐 영축산(332m)을 세우니 한개마을의 주산主山이다. 영축산靈鷲山은 오늘날 영취산이라고들 하지만 예부터 이곳 사람들은 영축산으로 불렀다. 석가모니가 설법한 인도의 영축산에서 이름을 따왔을 터이다. '鷲' 자는 본음

이 '취'이지만 '靈鷲
山'이라는 산의 이름으
로 쓰일 때만은 '축'으
로 불렀으니, 통도사를
안고 있는 경남 양산의
영축산이나 경남 창녕
의 영축산, 전남 여수의
영축산이 모두 그러하
다. 한개마을이 낳은 저
명한 학자 한주寒洲 이
진상李震相(1818~1886)은
이 사실이 안타까워 아
예 산 이름의 한자 표기

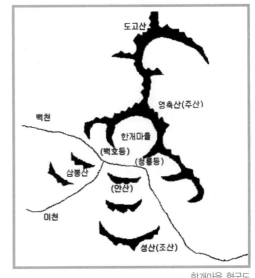

한개마을 형국도

를 '영축靈畜'으로 바꾸었던바, 지금의 우리는 '영축'으로 발음
하는 것이 옳을 것이다.

　　다시 가야산(1430m) 한 줄기가 동으로 가서 이 마을의 조산朝
山인 성산星山(392m)이 되고, 성산이 달리다가 백천白川에 가로막
혀 안산案山이 되었으니 한개마을은 주산과 조산과 안산을 두루
갖춘 명당이다. 주산인 영축산이 동남으로 청룡등靑龍嶝을 내리고
서남으로 백호등白虎嶝을 뻗어 감싸 안은 곳에 70여 호의 고색창
연한 옛집들이 각기의 특색을 자랑하며 자리 잡은 한개마을이다.

한개마을 전경

영축산의 주룡이 거듭 솟구쳐 내리다가 마을로 내려오는데, 감여가들은 문화재로 지정된 마을의 대표적 가옥들이 모두 이 주룡에다 등을 기대어 입지하고 있다고 한다. 특히 용맥이 머리를 들이밀어 혈을 이룬 곳이 한주종택의 안채 곁방이라 하는바, 신기하게도 응와와 한주가 모두 이 방에서 태어났다. 시집간 딸이 해산할 때는 이 방을 내어 주지 않았다는 이야기가 지금까지 전하고 있다. 한개마을은 한창 때는 100여 호를 넘는 집들이 있었으나 이곳 역시 근대화의 과정을 거치면서 빈집만 남거나 폐허로 변한 곳들이 많아 현재 수리·복원 중이다.

　　한편 성주 금수면의 적산과 벽진면의 비지산에서 각각 발원한 이천伊川이 합쳐져 성주읍을 가로지른 뒤, 한개마을의 서쪽에서 다시 백천白川과 합류한다. 백천은 초전면 현령산에서 발원한 물길인데, 그 옛날 주변 관개지에 조선 개국공신 배극렴裵克廉(1325~1392)의 농장이 많았던 까닭에 배내(裵川)로 불리다 백천이 되었다 한다. 합류한 뒤의 백천이 동남으로 물길을 이루어 한개마을 앞을 지나니, 마을이 득수得水하였다. 한때 백천은 폭이 넓어 뱃길이 열렸고, 큰 나루(大浦, 한개)라는 이름도 이에서 연유하였다 하나 고증할 길이 없다.

　　영축산을 업고 백천을 안아 장풍득수藏風得水한 한개마을은 행정명칭이 경상북도 성주군 월항면 대산리요, 예로부터 전하던 이름은 대포大浦이다. 행정명칭이 대산리大山里가 된 것은 일제가 행정구역을 폐합·정리하면서 근거 없이 멋대로 바꾸었기 때문인데, 왜 아직까지 유서 깊은 본래 이름인 대포리를 되찾지 못하고 있는지 의아하다. 문화재청은 2006년 6월 19일에 곡선미가 빼어난 이 마을의 돌담길을 등록문화재 261호로 지정하였고, 이어 2007년 12월 31일에는 마을 전체를 중요민속자료 255호로 지정하였다. 영남에서는 안동 하회와 경주 양동에 이은 세 번째 민속마을이다. 예부터 이곳 사람들은 일一 하회 이二 한개 삼三 개평이라 하여 하회는 인정하되 양동은 셈에 넣지 않고, 일두一蠹 정여창鄭汝昌(1450~1504)의 본향인 함양의 개평을 눈 아래로 인정하는 경향이 있었는데 근거는 알 수 없다.

이 상서로운 땅에 언제부터 사람이 살았는지는 분명치 않다. 적어도 조선 전기에는 이미 성산이씨들이 살기 시작하였지만 그 이전의 역사는 전혀 알 수 없다. 성산이씨가 거주하고 나서도 월봉 이정현이 등장할 때까지 약 150여 년간의 상황은 어렴풋이 짐작만 할 뿐 자세하지 않다. 이제 그들의 역사를 살펴보자.

성산이씨는 성주를 관향으로 하는 여섯 이씨 가운데 하나로 이 지역의 대성이다. 시조는 고려 개국공신 이능일李能一인데, 태조 왕건의 딸을 배필로 맞이하였다. 그의 현손 견수堅守는 벼슬이 대경大卿으로 아버지와 아들 다섯 사람이 문과에 급제하여 명성이 드러났다. 그가 살던 곳인 성주 벽진면 봉계리의 정곡鼎谷(솟질)에는 아직도 대경정大卿亭의 이름이 남아 있다. 견수의 8대손

성주읍 성산재에 있는 성산이씨 시조 이능일의 사당 경원사

민와 이기상이 비문을 지은 시조 이능일의 유허비(성산재)

문광文廣은 봉상대부로 평양소윤平壤少尹을 지냈으며 지인주사知仁州事 여충汝忠, 김산군사金山郡事 여신汝信, 좌정언左正言 여량汝良의 3형제를 두었다. 이들은 각각 인주공파, 김산공파, 정언공파의 파조가 되었다. 한개마을의 성산이씨들은 모두 여량의 후손으로 정언공파다.

2. 정언공과 목사공

이여량은 한개마을 성산이씨의 선조들 가운데 신뢰할 만한 역사적 기록을 가진 최초의 인물이다. 조선의 과거급제록인『국조방목國朝榜目』의 부록으로 남아 있는「여조과거사적麗朝科擧事蹟」에 따르면, 이여량은 고려 우왕 6년(1380)에 국자감시에 장원으로 급제하였고, 이어서 같은 해 문과에 응시하여 33명 가운데 13등으로 급제하였다. 벼슬은 예무좌랑禮務佐郞, 좌정언左正言, 강원도안렴부사江原道按廉副使 등을 역임했다.『고려사』에는 그가 예무좌랑으로 봉직할 때의 일이 다음과 같이 기록되어 있다.

신우辛禑(우왕)가 노영수의 집으로 가므로 백관들이 따라가니 신우가 예무좌랑 이여량을 불러서, "너희들이 내가 혼자 놀러 다니는 것을 염려하여 백관들을 시켜서 호위하게 하였는데 예의로 보아서는 옳다. 그러나 내가 궁중에 들어앉아 있으러니 적적하고 무료하기 짝이 없기 때문에 소풍차로 놀러 나온 것이다. 만일 장소가 성 밖이라면 호위하는 것이 당연하나 매번 거리로 놀러 다니는 데까지 따라다니겠는가? 또 대성臺省에서는 각기 분담한 공무가 호번하니 마땅히 소관사나 잘 처리하여 지체함이 없게 하라!' 하고 드디어 남산男山으로 말을 달려 올라갔다. 그래서 백관들이 또 따라가자 신우가 또 이여량을 불러 말하기를, "어째서 이처럼 내 명령에 복종하지 않는가? 이제부터는 다시 나를 따라오지 말라!' 라고 하였다. 이날 신우는 아홉 차례나 노영수의 집에 갔다.

노영수盧英壽는 우왕의 총비 의비毅妃의 아버지로, 신분이 미천하였으나 딸이 귀하게 되어 왕의 총애를 받아 권세를 부리던 인물이다. 그 뒤 이여량은 간관 정리鄭釐 등과 함께 글을 올려 간하기를, "산적들이 첩자를 보내 도성을 엿보고 있으니 자객과 간사한 무리들의 변고가 어찌 반드시 없다고 보장할 수 있겠습니까? 충혜왕께서도 간언을 따르지 않으시고 끝내 악양岳陽으로 가셨으니 원컨대 전하께서는 경계하시기 바랍니다" 하였다. 충혜왕이 원나라로 잡혀가 악양에서 죽었던 일까지 들먹이며 간하였으나 우왕은 오히려 그를 강원도안렴부사로 내쳤다. 망국으로 치닫던 고려의 끝자락에서 무절제한 임금을 보필하려는 충정이 애틋하다. 고려가 망하자 개령현開寧縣 대조동大鳥洞(현 구미시 선산읍 봉남리)에 은거하며 충절을 지켰는데 야은 길재가 숨어 살던 선산의 금오산과 가까운 곳이다. 많은 사람들이 그가 길재와 교류하였을 것이라고 추측하지만 증거는 없다. 구미시 고아읍에 있던 그의 무덤은 임진왜란 이후 실전되었다가 1779년(정조 3)에 비로소 묘지墓誌를 발굴하여 새롭게 단장할 수 있었다. 조선 말의 명유名儒 장복추張福樞(1815~1900)가 지은 묘갈명에, "인륜을 돈독히 한 행실은 천성에 근본 하였고, 절개를 지킨 의리는 해와 같이 빛나도다. 오래전 일이라 증거 없다 하지 마라, 옛사람 기록으로 『고려사』가 있나니" 하였다.

　한개마을에 처음 입향한 성산이씨는 이여량의 아들 이우李友로 알려져 있다. 혹자들은 그의 아들 양陽이 처음 입향하였다고 추측하기도 하나 이우가 처음 입향한 것이 분명해 보인다. 이우는 여량의 3형제 가운데 장남으로 진주목사를 지내 목사공으로 불린다. 한개마을에는 이우의 교지가 최근까지 보존되어 오다가 도난을 당했는데, 다행히 교지의 내용은 전한다.

教旨

李友爲保功將軍京畿左道水軍僉節制使知招討營田事者

正統十年十二月初二日

이우의 교지가 한개마을에 전해 왔다는 것은 이우의 입향을 추측할 수 있는 첫 번째 사실이다. 이우의 셋째 아들인 이양이 한개마을로 들어오면서 형님들이 있는데도 불구하고 아버지의 교지를 가지고 왔다고 보기는 어렵기 때문이다.

이제 교지의 내용을 검토해 보자. 정통正統은 명나라 연호이니 정통 10년은 1445년(세종 27)이다. 조선 초에는 국왕의 명령서 명칭이 교지敎旨가 아니라 왕지王旨였음을 들어 이 교지의 진위를 의심하는 사람이 있으나, 1425년(세종 7)에 이미 교지로 바뀌었으니 의심의 여지가 없다. 이 교지는 이우를 경기좌도수군첨절제사의 군직에 임명한 교지다. 집안의 기록들에는 그가 문과에 급제하고 통정대부로 진주목사를 지냈으며, 장수의 재목으로 천거를 받아 경기수군병마절제사京畿水軍兵馬節制使가 되었다고 하였으나 좀 이상하다. 이 교지의 직함은 수군부사령관 격인 수군첨절제사인데 여기서 다시 승진하여 수군과 육군을 총괄하는 총사령관 격의 수군병마절제사가 되었다고는 보이지 않는다. 아마 이 교지를 보지 못했거나, 이 교지의 내용이 부풀려진 결과일 것이다.

경기수군병마절제사가 문제가 있다면, 진주목사에서 경기도의 군직으로 옮겼다는 대목도 순서가 바뀌었을 것이다. 진주목사는 정삼품의 당상관인데, 이 교지의 품계는 보공장군保功將軍이니 종삼품이고, 첨절제사 역시 종삼품이다. 이우는 아마 경기좌도수군첨절제사를 거쳐 진주목사에 승진하였을 것이다. 무관직인 첨절제사가 문관직인 진주목사가 된 점이 이해하기 어렵지만, 아마 집안의 기록처럼 문과에 급제하여 벼슬을 하다가 장수의 재목으로 천거를 받아 잠시 무관직을 수행한 뒤 다시 문관으로 돌아왔을 것이다. 이우와 관련한 더 이상의 자료는 없다. 그리 오래된 일이 아니건만 입향조에 대한 기록이 이처럼 소략한 것은 이상한 일이다. 아마 이우 이후로 현달한 자손들이 나오지 못해서 가문의 역사를 제대로 수습하지 못하다가 조선 후기에 와서 비로소 정리한 까닭일 것이다. 다만 마을 사람들은 아직도 이우의 기일이 7월 26일임을 기억하고 있다.

이우는 어린 시절을 아버지 이여량이 살았던 개령현 대조동에서 보냈을 것이다. 아버지가 돌아가시자 살던 곳 부근인 구미의 고아에 묘소를 마련하여 모신 뒤, 홀어머니를 모시고 한개마을로 이주하였을 것이다. 공조전서工曹典書 여극회呂克誨의 딸인 그의 어머니 성산여씨星山呂氏의 묘소가 한개마을 근처인 선남면에 있기 때문이다. 개령현에 살면서 어머니의 묘소를 굳이 아버지 묘소와 멀리 떨어진 한개마을 근처에 마련하였다고 보기는 어렵다. 조선의 풍속에 남자의 묘소는 명당을 찾아 멀리 쓰기도 하였으나, 여인의 묘소는 마을 인근에 모시는 것이 관례였다. 이우의 한개마을 입향을 짐작할 수 있는 두 번째 사실이다.

이우는 3자 1녀를 두었다. 딸 이야기를 먼저 해 보자. 이우의 외동딸은 예문관직제학 권효량權孝良의 아들 권상權詳에게 시집 갔다. 성주 지방지인『성산지星山誌』에는 권상의 아들 권희맹權希孟(1475~1525)과 손자 권응정權應挺(1498~1564), 외손자 박수린朴秀鱗이 한개마을 근처인 성주 선남면 오도마루(吾道宗, 현 문방리 무남개)에 살았음을 밝히고 있으니, 권상도 이곳에 살았을 것이다. 다만 그가 현달하지 못해서 현달한 그의 자손들을 거명하였을 것이다. 1995년에 권순일權純鎰이 국한문으로 지은 권응인權應仁의 묘 갈명에, 권상은 "성산이씨에게 장가들어 청송에서 성주로 이주 하여 자손들이 이곳에 세거하게 되었다" 하였으니, 권상은 처가 살이하리 성주로 온 것이 틀림없다. 이우의 사위가 되어 한개마을 근처인 선남면에 살았던 것이다. 이우의 한개마을 입향을 짐 작할 수 있는 세 번째 사실이다.

권상이 처음 입향한 오도마루의 안동권씨는 조선 중기에 성 주의 명문이 되었다. 권상의 여섯 아들 가운데, 문과에 급제하여 강원도관찰사를 지낸 둘째 아들 권희맹이 특히 뛰어났다. 권희 맹은 다시 대사간을 지낸 권응정과 이조참판을 지낸 권응창權應昌(1505~1568)의 두 아들을 두었으며, 조선 중기를 주름잡은 저명

한개마을 누대 선조들의 묘제를 준비하기 위해 지은 瞻敬齋

한 문인 송계松溪 권응인權應仁(1517~?)은 그의 서자이다. 권응인은 퇴계의 제자로, 송시풍宋詩風이 성행하던 당시의 문단에서 만당晚唐의 시풍을 받아들여 전환점을 마련한 인물이다. 이상 조선 중기 성주를 대표할 만한 인물들인 오도마루의 안동권씨가 모두 이우의 외손인 점이 이채롭다.

이우의 세 아들은 유구悠久와 영구榮久와 양陽이다. 유구의 자손들은 한개마을을 떠나 현재 상주, 황간, 합천, 고령, 성주 등지에 산거하고 있으며, 영구의 자손들은 5대 뒤에 자손이 끊어졌고, 오직 양의 후손들이 한개마을을 지켜 오늘에 이르고 있다.

이양은 초명이 양구陽久였으나 후일 외자인 양으로 개명하였다. 1489년(성종 20)에 사마시에 급제하여 진사가 되었기에 문중에서는 그를 진사공이라고 한다. 그의 부인은 형조정랑 손욱孫旭의 딸 월성손씨月城孫氏다. 손욱은 경주 양동 월성손씨의 입향조인 송재松齋 손소孫昭(1433~1484)의 형님이니, 우재愚齋 손중돈孫仲暾(1463~1529)에게 백부가 된다. 이여량의 부인 성산여씨는 공조전서 여극회의 딸로 성주의 벌족이었고, 이우의 사위 권상은 예문관직제학 권효량의 아들로 그 아들과 손자가 모두 현달하였으며, 이양은 형조정랑 손욱의 사위였으니, 3대에 걸친 혼맥으로 볼 때 한개마을의 성산이씨는 이때부터 이미 명문의 기반을 다지고 있었다.

이양은 5형제를 두었다. 제2자인 시형始亨은 훈도訓導를 지냈으며, 시형의 외아들 발㪍은 습독習讀을 지냈다. 발은 다시 5형제를 두었으며, 그 장자가 성범成範이다. 성범은 통정대부부호군의 직함을 가지고 있는데, 산직散職일 터이지만 유래는 알 수 없다. 성범의 독자가 약若이며, 약의 외아들이 이정현李廷賢(1587~1612)으로 한개마을의 실질적 파조이다. 시조부터 이정현까지의 세계世系를 도시하면 다음과 같다.

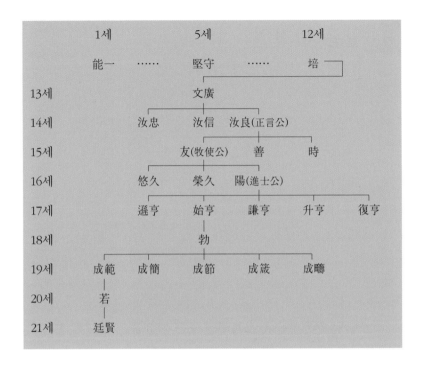

	1세		5세		12세
	能一 ……		堅守 ……		培
13세			文廣		
14세		汝忠	汝信	汝良(正言公)	
15세			友(牧使公)	善	時
16세		悠久	榮久	陽(進士公)	
17세		遜亨	始亨	謙亨	升亨	復亨
18세			勃		
19세	成範	成簡	成節	成箴	成疇
20세	若				
21세	廷賢				

3. 월봉 이정현

오늘날 한개마을을 소개하는 모든 자료들은 이곳에 월봉月峯 이정현李廷賢의 자손들이 살고 있다고 말한다. 월봉은 입향조 이우의 6대손이다. 그 사이에 여러 자손들이 있었지만 본인이나 그 후손들이 타지로 나가기도 하고 혹은 후손을 두지 못하기도 하여 월봉의 후손들만이 한개마을에 살고 있기에 하는 말이다. 그렇다고 하더라도 월봉의 아버지나 할아버지가 아닌 굳이 26세 에 요절한 월봉을 언급하는 이유가 무엇일까?

이정현은 자가 원로元老이고 호는 월봉이다. 자손들은 그를 월봉공이라 부른다. 1612년(광해 4) 4월 21일에 실시된 문과 식년 시에 병과 제11인으로 급제하였다. 성산이씨가 한개마을에 입향한 이후 최초의 문과급제자이다. 어린 시절에 삼익재三益齋 이천배李天培(1558~1604)에게 배우고 다시 저명한 유현儒賢 한강寒岡 정구鄭逑(1543~1620)의 문하에서 성리학을 배웠는데 '탁월제자卓越諸子'라는 일컬음이 있었다. 문과에 급제한 그해 11월에 홍문정자弘文正字에 보임되어 상경하였다가 병을 얻고 돌아와 12월에 천연두로 요절하였다. 스승 한강은 다음과 같은 만사를 지어 비통한 심정을 감추지 않았다.

일찍이 후생 중에 우리 그대 보았거니	吾人曾見後生中
뜻과 기상 아름답고 스스로 노력했지.	志氣深佳力自攻
학업을 연마하여 과거급제 이뤘으나	鍊業而收三上效
몸가짐은 오로지 겸손하길 힘썼다네.	持身須着一頭工
작년에 어사화가 남쪽으로 내리더니	賜花去歲逾南嶺
오늘 아침 상엿소리 북망산을 향하누나.	薤曲今朝向北邙
길가는 행인들도 너나없이 탄식거니	行路不能無歎惜
서풍에 눈물 쏟는 이 늙은이 어이하리.	況堪衰淚對西風

이 만시 3, 4구의 삼상三上과 일두一頭는 설명이 좀 필요하다. 조선시대 과거 시험의 성적은 상상上上, 상중, 상하, 이상二上, 이중, 이하, 삼상三上, 삼중, 삼하, 차상次上, 차중, 차하, 갱更, 외外의 14등급으로 나누고 삼하 이상을 뽑는 것이 관례였다. 그러므로

삼상은 14등급 가운데 제7등급인 셈인데, 일반적으로 시권의 채점에서 상上과 이二는 거의 주지 않았고, 삼三도 드물게 주었으며, 차次가 많았다. 그러므로 삼상은 썩 훌륭한 등급이다. 아마 월봉은 실제로 삼상의 등급을 받아 급제하였을 것이다.

일두는 한 걸음 또는 한 수 양보한다는 뜻인 '일두지一頭地'의 줄임말이다. 송나라의 구양수가 소동파의 글을 보고 "내가 길을 피해 그에게 일두지를 내주어야 한다"라고 한 말에서 유래하였다. 월봉은 타고난 재기와 성취를 뽐내지 않고 늘 겸손하였던 모양이다.

분사分沙 이성구李聖求(1584~1644)는 월봉의 안빈과 요절을 공자 문하의 안자顏子에 견주었고, 지천遲川 최명길崔鳴吉(1586~1647), 두봉斗峰 이지완李志完(1575~1617) 등의 명류와 한강 문하의 고탄高灘 이로李蕗(1552~1624), 낙촌洛村 이명룡李命龍(1570~1626) 부자父子 등도 만사를 지어 슬픔을 부쳤다. 정조 때의 관찬官撰 인물지인 『영남인물고嶺南人物考』에 월봉의 사적이 수록되었다. 이상 월봉의 대강의 사적을 보면 26세에 요절한 월봉임에도 불구하고 한개마을 사람들이 그의 자손임을 자랑스럽게 여기는 이유를 짐작할 수 있다.

첫째, 한개마을 최초의 문과급제자라는 점이다. 어느 조대나 문과급제는 어려운 일이지만 조선의 과거급제록인 『국조방목國朝榜目』을 분석한 연구결과에 의하면, 조선 건국(1392)부터 월봉이 급제하였던 광해조(1622)까지 230년간 문과에 급제한 인물은 5,000여 명이다. 이에 비해 인조 원년(1623)부터 과거가 폐지된 1894년까지 270여 년간의 문과급제자는 1만여 명이다. 조선 후기로 오면서 식년시 이외에 별시 등을 통해 급제자들을 양산하였던 것이다. 그러므로 월봉이 살았던 당시의 문과급제는 특히 명예로운 일이었을 것이다. 더구나 월봉처럼 26세에 급제하는 것은 드문 일이었다. 월봉이 급제한 광해 4년의 과방을 분석해 보면, 급제자 33인의 평균연령은 37세이고 최고령 급제자는 60세이며 최연소 급제자는 23세이다. 갑과 2등으로 급제한 박래장朴來章이 최연소 급제자인데 월봉은 그다음으로 젊었다. 33명 가운데 두 번째로 젊었던 것이다. 입향한 이래 최초의 문과급제인데 이처럼 이른 나이의 영예이니 한개마을 사람들이 자랑스럽게 여기는 것은 당연한 일일 것이다.

둘째, 월봉이 한강 정구의 제자라는 점이다. 지금의 성주는 참외로 유명하지만 성주의 옛사람들은 성주가 양강지지兩岡之地임을 자랑스러워하였다. 한강 정구와 동강東岡 김우옹金宇顒(1540~1603)을 배출한 땅이라는 말이다. 동강과 한강은 퇴계 이황과 남명 조식의 문하에서 우뚝한 학문을 이루어 조선의 지성사를 빛낸 걸출한 인물들이다.

조선을 성리학의 나라라고 하지만 퇴계 이전의 조선 성리학은 아직 중국과 비교하기에는 턱없이 부족한 수준이었다. 이러한 상황에서 퇴계가 평지돌출격으로 출현하여 어쩌면 중국을 능가할지도 모르는 학문적 성과를 이루었고, 남명은 성리학이 지향하던 선비적 이상을 실천으로 보여 주었다. 조선의 지성이 갑자기, 정말로 갑자기 풍요로워진 것이다. 한강은 바로 이 시점에서 두 스승의 문하에 수학하여 그 풍요를 더욱 풍요롭게 하였다. 그는 퇴계와 남명을 통해 이룩한 성취를 성주로 가져와 학문의 씨앗을 뿌리고 꽃을 피웠다. 성주의 이름난 가문들은 대체로 한강의 학맥과 연결되어 있는데, 한개마을 사람들이 월봉을 자랑스러워하는 이유도 바로 이 때문이다. 월봉이 단순히 문과급제자일뿐만 아니라 학자라는 것이다. 더욱이 그의 스승이 요절을 아파하며 인정한 학자가 아니던가!

셋째, 월봉은 요절했음에도 불구하고 교류의 폭이 무척 넓었다. 앞에서 언급한 이성구와 최명길은 후일 영의정까지 올랐고 이지완은 형조판서를 지냈는데, 모두 영남 바깥의 인물들이다. 영남은 물론하고 중앙의 명류들까지 모두 그의 죽음을 안타까워했던 것이다. 어떤 연유로 이런 인물들과 사귈 수 있었는지는 정확히 알 수 없지만 아마 일찍 등과하여 명성이 알려진 영향이 컸을 것이다. 월봉은 이미 젊은 나이에 중앙에 알려진 명사가 되어 있었으니, 자손들이 자랑스럽게 여기는 또 다른 이유일 것이다.

요절한 이 선조에 대한 후손의 기림은 참으로 융숭하였다. 월봉이 20대 초반에 강학하던 곳에 월봉정月峯亭을 세워 강학의

한개마을의 월봉정에 있는 편액

맥을 이었고, 그의 자취가 닿은 곳에는 조한재照寒齋와 일강정一江亭을 세웠는데 각각 차가운 물에 비친 가을 달(秋月寒水)과 강물에 잠긴 맑은 달(一江涵虛之霽月氣像)을 월봉의 기상에 비유하여 붙인 이름이다. 다시 일강정 앞에 유허비를 세우고, 유문을 수습하여 실기實記를 편찬하였으니, 월봉은 이미 이 가문의 현조가 되어 있었던 것이다.

월봉은 요절하였으나 아들이 있었다. 이수성李壽星(1610~1678)의 자는 여응汝應이고 호는 한포寒浦이며 완석정浣石亭 이언영李彦英(1568~1639)의 문인이다. 후손들은 그를 한포공이라고 부른다. 월봉이 작고할 때 한포는 세 살이었다. 아버지의 얼굴도 모르고 홀어머니 슬하에서 무매독자無妹獨子로 외롭게 자라나 성산이씨

일문을 지켜나간다. 한포가 아버지의 위업을 계승한 데는 24세에 청상이 된 어머니 우봉이씨牛峰李氏의 힘이 컸다. 월봉의 6대손 규진奎鎭은 우봉이씨의 행적을 다음과 같이 묘사하였다.

부인께서는 천품이 곧고 맑으며 그윽하고 우아하셨다. 월봉선생과 혼인하여서는 부덕을 모두 갖추시고 내조한 바가 실로 많았다. 불행히 일찍 남편이 돌아가시고 다만 세 살 된 아들 하나가 있을 뿐이었다. 시댁에는 의지할 겨레붙이가 없었으나 친정에는 조정에서 벼슬하는 분이 매우 많았는데, 부인에게 서울의 집에 와서 살기를 권하였다. 그러나 부인은 "이씨 집안의 산소가 고향에 남았으니, 의지하여 수호할 사람은 이 미망인과 저 어린아이뿐입니다. 이제 버리고 서울로 간다면 이씨 집안의 산은 나무하고 소 먹이는 곳이 될 것입니다. 나는 차마 그리할 수 없습니다" 하고는 서울의 집을 팔아 한개마을의 옛 집으로 돌아와 살았다.

이씨의 문호가 기울지 않도록 심력을 바치는 것을 일로 삼았으며, 온 정성을 다하여 선대의 제사를 받들었고, 시댁 일가를 예로써 대접하여 환심을 얻었다. 마을 남쪽 시냇가에 집 한 채를 지어서 강정江亭이라 이름하고 선생을 초빙하여 아들을 가르쳤다. 학업의 과정을 독려하는 것이 엄한 아버지와 같았으니 한포공이 마침내 큰 선비가 되어 문호를 다시 일으켰다. 세상 사람들이 맹모삼천지교孟母三遷之敎와 같다고들 하였다. 오늘날까지 자손들이 이어 오면서 법도를 갖출 수 있었던 것은 모두 이 할머님의 공이다.(『月峯實記』,「行狀」)

우봉이씨는 참봉 이희삼李希參의 딸이며 우의정 정언신鄭彦信(1527~1591)의 외손녀였다. 고귀한 가문에서 자라 청춘에 청상이 되었으나 법도를 잃지 않고 가문을 지켜냈다. 후손들은 그를 여중군자女中君子로 기억하고 있다.

강정江亭을 지어 독선생을 모시고 교육에 힘쓴 모친의 기대에 부응하여 한포는 학문과 덕행을 크게 이루었다. 한때 과거에 뜻을 두어 향시에는 합격하였으나 예조의 복시에서 낙방하였다. 당시 외가의 친척이 이조판서였는데 천망薦望에 올려 벼슬을 내리고자 서울에 잠시 머물게 하였다. 한포는 "홀어머니가 집에 계시고 명리는 원하는 바가 아닙니다" 하고 사양하고 돌아왔으니 그 어머니에 그 아들인 셈이다. 당시의 사람들은 그를 덕을 숨긴 군자(隱德君子)라고 하였다.

한포는 두 부인에게서 일곱 아들을 두었는데, 앞 부인의 네 아들 달천達天, 달우達宇, 달한達漢, 달운達雲이 각각 한개마을 백중숙계伯仲叔季파의 파조가 되었다. 한개마을에는 지금 이 네 사람의 자손들이 살고 있다. 응와는 달한의 5대손이니 숙파叔派이다. 이후 한개마을의 저명한 인물들이 숙파에서 많이 배출되었다.

제2장 응와를 만든 사람들

1. 북비를 세운 뜻

　　월봉이 가꾼 한개마을의 명성을 다시 빛나게 한 인물은 아마 월봉의 현손인 돈재遯齋 이석문李碩文(1713~1773)일 것이다. 오늘날 응와종택을 북비고택北扉古宅이라고도 하는데 북비의 이름이 있게 한 인물이 바로 이석문이며, 북쪽으로 낸 사립문이란 뜻의 북비는 지금도 남아 있다.

　　응와의 증조부인 이석문은 자가 사실士實, 호가 돈재遯齋이다. 세속의 명리에 초연하였으며 기상이 강개하였다. 독서의 여가에 무예를 익혀 나라를 위한 큰일을 할 뜻이 있었는데, 전양군全陽君 이익필李益馝(1674~1751)이 장수의 재목으로 조정에 천거하였다. 1739년(영조 15) 27세에 권무과勸武科에 급제하여 선전관이 되자 문무조신들이 모두 장수의 재목이라고 하였다. 당시 노론의 핵심 인물이던 김상로金尙魯(1702~1766), 홍계희洪啓禧(1703~1771) 등이 만나 보고자 하였으나 거절하였고, 이 일로 평북 강계 압록강변 추파진楸坡鎭의 종구품 권관權管으로 좌천되었다.

이곳에서 돈재는 직속상관인 안주병사安州兵使의 불의를 보고 다투다가 낙향하는데, "내 어찌 몇 말의 녹봉 때문에 소인에게 얽매이리오" 하며 인부印符를 내던지고 돌아왔다. "쌀 닷 말 때문에 허리를 굽힐 수 없다" 하며 벼슬을 내던진 도연명의 일화를 떠올리게 한다.

10여 년이 지난 1750년(영조 26)에 대리서정代理庶政하던 세자가 돈재를 무겸武兼으로 발탁하였다. 무겸은 무신으로서 선전관을 겸직하는 직명이다. 상경하여 곧 금부도사로 승진하였으나, 세자에 대한 조정의 의견이 갈리는 것을 보고 벼슬에 뜻이 없어졌다. 김상로, 홍계희 등이 다시 사람을 보내 "만약 시의時議를 따른다면 병마절도사는 걱정할 것이 없다"라고 회유하였고, 돈재는 "나는 영남에 세거하여 시의를 알지 못한다" 하고 사직한 뒤 고향으로 돌아왔다. 시의는 사도세자를 폐위시키자는 당시 노론들의 견해를 말한다.

다시 10여 년이 지난 1762년 봄, 조정은 50세가 된 그를 무겸의 벼슬로 불렀다. 이해 윤5월 13일에 돈재는 휘녕전으로 가는 임금을 배종하였다. 영조는 이미 세자를 죽일 뜻을 굳히고 있었다. 영조는 수문장에게 문을 닫게 하고 신하들의 출입을 금하라고 엄명하였다. 이 위기의 순간에 삼정승을 비롯한 신하들은 문밖에서 곡만 하고 있었다. 설서說書 권정침權正忱(1710~1767)이 세손(후일의 정조)을 모시고 와서 안으로 들어가고자 하였다. 수문장이 가로막고 왕에게 아뢰어 보겠다고 했다. 이때 돈재가 "부자상면에 어찌 군명君命을 기다리리!" 하고는 세손을 업고 문을 밀치고 들어갔다. 세손을 끔찍이 사랑하는 영조였으나 이미 되돌릴 수 있는 상황이 아니었다. 세자는 뒤주 안으로 들어갔고, 영조는 돈재에게 돌을 들어 그 위를 누르게 하였다. "신은 죽더라도 감히 명을 받들지 못하리이다" 하는 돈재를 영조가 거듭 재촉하였으나, 돈재는 죽음을 무릅쓰고 끝내 소신을 굽히지 않았다.

마치 영화의 한 장면처럼 극적인 상황에서 돈재가 보인 우뚝한 의기가 후일 자손들의 긍지가 되었으니, 돈재 역시 한 가문의 조상으로 손색이 없다 할 것이다. 어쨌든 이튿날 영조는 돈재를 직접 국문하여 곤棍 50도에 처결하였다. 곤은 굵은 회초리인 장杖과 달리 면적이 넓은 형구로, 보통 곤장이라고 한다. 고향에 돌아온 돈재는 도연명의 「귀거래사」를 벽 위에 붙이고, '무괴심無愧心'(부끄러움이 없는 마음) 세 글자로 자신을 다스렸다.

한개마을에 칩거하던 돈재는 어느 날 노론 인사들이 자신의 집 앞을 지나면서 부채로 얼굴을 가리는 것을 보았다. 사도세자에 대한 안타까움에 사무쳐 있던 그는 곧 남쪽으로 나 있던 대문

응와종택의 북비

돈재 이석문의 신도비

을 뜯어 북쪽으로 옮기고, "시류에 아첨하는 무리들과 접하기 싫
다" 하였다. 그는 이 북쪽 대문을 향해 절하며 사도세자에 대한
그리움을 달랬다. 이것이 북비이며 이때부터 사람들은 그를 북
비공北扉公이라 불렀다.

1770년, 사도세자의 일을 후회하고 있던 영조는 병조판서
채제공蔡濟恭(1720~1799)의 건의를 받아들여 58세의 돈재에게 훈련
원주부訓練院主簿의 벼슬을 내렸다. 채제공이 따로 편지를 보내
"올라오기만 하면 직품을 높일 것이다" 하였고 전 판서 이지억李
之檍(1699~1770)도 서찰을 보내 출사를 권유하였으나 끝내 나가지

않았다.

　1773년(영조 49)에 61세로 작고하자 채제공이 감영에 기별하여 장지의 일을 돕게 하였다. 후일 그의 손자 규진이 성균관의 제과製科에 뽑히자 정조가 불러, "너의 조부가 세운 공이 아름답다" 하고 눈물을 흘리니 규진도 함께 울었다. 정조는 옆에 있던 영의정 채제공에게 "북쪽 대문이 아직도 있는가?" 하고 물었다. 아버지 사도세자의 사무친 한을 머금고 있던 정조가 이석문과 북비를 가슴에 품고 있었던 것이다. 후일 병조참판에 증직되었으며, 1899년(고종 36)에 조정이 성주군수를 보내 사당에 제사를 드리고 6대 주손 기철基轍에게 참봉의 벼슬을 내렸다. 한말의 명유 면우俛宇 곽종석郭鍾錫(1846~1919)이 비문을 짓고, 명필 해사海士 김성근金聲根(1835~1918)이 글씨를 쓴 신도비가 응와종택의 서쪽 언덕에 서 있다.

2. 사미당과 독서종자

　　돈재는 민겸敏謙과 민검敏儉의 두 아들을 두었는데 민검을 동생인 석유碩儒의 양자로 보냈다. 민겸도 규진奎鎭과 형진亨鎭의 두 아들을 두었는데 양자 나간 동생 민검이 아들이 없자 형진을 민검의 양자로 보냈다. 형진 역시 원호源祜와 원조源祚의 두 아들을 두었는데 이번에는 큰집의 형님인 규진이 아들이 없어 원조를 양자로 보냈다. 바로 응와이다. 4대에 걸쳐 두 아들이 양자 나가고 양자 들어와 두 집의 계통을 이었으니 아름다운 일이다.

　　이민겸李敏謙(1736~1807)은 자가 수언受彦, 호가 사미당四美堂인데 꿈속에 얻은 시구에서 취하여 호를 짓고 또 당호로 삼았다. 손자 응와의 설명을 들어 보자.

할아버지께서 일찍이 꿈속에서, "사미당 안에 네 가지 아름다움이 갖추어졌다"(四美堂中四美俱)라는 시 한 구절을 얻으셨다. 이에 지암遲菴 이공李公(李東沆: 1736~1804)에게 부탁하여 전서篆書로 사미당四美堂의 편액을 써서 걸고 불초 등에게 훈계하시기를, "이는 신령의 가르침이다. 어떤 사람은 너희 부자와 형제 네 사람이 모두 과거에 급제할 조짐이라고도 한다" 하셨다. 후일 과연 그렇게 되니 사람들이 모두 신기하게 여겼다. 그러나 내가 삼가 그 뜻을 해설하건대, 과거급제는 사람들이 모두 영광스럽게 생각하므로 아름답다고 하는 것이 마땅하지만, 시에서는 사미四美를 두 번 말하였다. 위의 아름다움이 아래 아름다움의 근본이 되어 이러한 경사가 있게 된 것이다.

우리 집은 증조부 때부터 4대에 걸쳐 오직 형제만 있어, 서로 양자를 주고받으며 후사를 이어 왔다.······ 집안에서 자애롭고 효도하며 우애하고 공손한 것(慈孝友恭)과, 문을 나와서는 충직하고 신실하며 공경하고 삼가는 것(忠信敬謹)이 우리 집안의 네 가지 아름다움이니 선조께서 실천하신 바이고 자손들이 마땅히 지킬 바이다. 일곱 자 시구에 아래위로 사미四美를 거듭 말하였으나 그 뜻은 진실로 이를 벗어나지 않는다. 만약에 능히 선조의 뜻을 체득하여 대대로 그 아름다움을 성취한다면 이를 바탕으로 백 가지 아름다움이나 천 가지 아름다움이라도 이룰 수 있을 것이다. 감히 신령의 가르침을 해설하여 새겨서 후손들에게 보인다.(『凝窩集』, 「四美堂記」)

　응와의 설명에 따르면 '사미'에는 세 가지 뜻이 있다. 첫째
는 4대에 걸쳐 양자를 주고받은 우애의 아름다움이고, 둘째는 민
겸의 아들과 손자 4인이 모두 대과나 소과에 급제한 명예의 아름
다움이며, 셋째는 자효우공慈孝友恭하고 충신경근忠信敬謹한 행실
의 아름다움이다. 첫 번째의 아름다움으로 두 번째 아름다움이
이루어졌으니, 자손들은 세 번째의 아름다움을 길이 지켜 나가라
는 당부도 덧붙였다. 사미당은 응와종택 사랑채의 당호이기도
한데, 지금도 편액이 높이 걸려 있다.

　이제 성주 지방지인 『성산지』에 실려 있는 이민겸에 대한 기

이동항이 쓴 응와종택 사랑채의 사미당 편액

록을 보자.

이민겸은 용모가 준엄하고 단정하며 말씀이 의연하고 씩씩하여 보는 사람들에게 저절로 공경하는 마음이 일어나게 하였다. 부모의 봉양에 의식衣食과 예절이 모두 극진하였는데, 부모의 상례에 관곽과 수의를 몹시 화려하고 아름답게 하였다. 사람들이 혹 가정형편을 저울질하여 행하기를 권하면, "나의 힘을 다할 뿐, 어찌 차마 후일의 굶주림과 추위를 셈하겠는가!" 하며 울었다. 지관을 불러 명당을 찾는 마음이 정성스럽고 간절하여 사람을 감동시키니, 고을 사람이 자신의 선영을 다투지 않고 허락하였다.

일찍이 먼 친척 한 사람이 이웃 마을에 살다가 어버이의 상을 당해 돌아가려 하였다. 밤중에 달려가 그의 등을 쓰다듬으며, "혹독한 날씨에 홑옷을 입고 수백 리 길을 달려가면 틀림없이 동사할 것이다" 하며 입고 있던 솜옷을 벗어 주었다.

향시에는 두 번 합격하였으나 회시에 낙방하자, "마음으로 간절히 얻고자 하면 사람이 여기에 얽매이게 된다. 독서가 선비의 본분이니 후진을 가르쳐 인재를 만드는 것이 나의 책무이다" 하며 결연히 과거공부를 그만두었다. 이로부터 문을 닫고 조용히 앉아 학업을 이루니 한때에 수학한 자들이 매우 많았다. 그들의 재목에 따라 성심을 다해 가르치고 인도하여, 문중에 유학의 선비들이 많은 것이 모두 그가 힘을 다해 가르친 덕택이었다.

선조의 제사를 받들 때는 반드시 풍성하고 정갈하게 하였으며, 재물과 곡식을 모아 종계宗稧를 만들어 먼 조상의 향화를 받드는 바탕으로 삼으니 종중에서 이에 의지하여 중히 여겼다. 손자 원조源祚가 귀하게 되어 여러 차례의 증직으로 호조판서에 이르렀다.

사미당이 부친의 묘소 터를 정한 일과 관련하여 일화가 전한다. 부친 돈재의 묘소가 현재 김천의 부상리에 있는데 바로 사미당이 정성을 다하여 찾은 곳이다. 감여가들이 후손이 창성할 것이라 예언하였던 땅이니, 응와와 한주寒洲 같은 인물이 난 것이 모두 이 명당 때문이라는 말이 있다. 어느 권문세가에서 지관을 데리고 서울에서부터 지맥을 밟아 오며 혈을 찾았는데, 찾고 보니 이미 돈재의 묘소가 있어 낙담하였다는 이야기가 전해 온다.

사미당은 종숙부 구완당苟完堂 이석오李碩五(1712~1777)에게 배우고, 배운 바를 자손들에게 베풀었는데 교육이 엄격하였다. 낮에는 책상을 마주해 가르쳤고, 밤에는 벽을 사이에 두고 앉아 글 읽는 소리를 들으며 횟수를 세었다. 밤이 깊어 글 읽는 소리가 잦아들면 건너가 깨우고, 뜻을 묻거나 친절히 설명하면서 정한 일과가 끝나야 취침토록 했다. 바둑이나 장기 같은 잡기의 도구들

은 한평생 집안에 들여놓지 않았다. 사미당의 교육에 대해 응와
는 다음과 같이 서술하였다.

> 나의 할아버지께서는 교법이 무척 엄격하셨다. 집 한 칸을 따
> 로 장만하여 서책들을 쌓아 두고, 진도를 정하여 자제들을 교
> 육하셨다. 송독誦讀이 진도에 조금이라도 미치지 못하면 반드
> 시 회초리로 다스려 조금도 여유를 두는 법이 없으셨다. 우리
> 집안에 조그마한 목침이 하나 있으니 이것이 바로 그때 쓰던
> 도구이다. 내가 어렸을 때 아버지가 갑과甲科에 급제하여 금의
> 환향하시던 날, 할머니께서 이 목침을 내보이고는 웃으시며
> "이것이 너희 집안 묵장墨帳이다. 이것이 너를 성취시킨 것이
> 다" 하시던 일을 나는 아직 기억하고 있다.(『凝窩集』, 「警枕窩
> 記」)

묵장墨帳은 북송의 재상 범순인范純仁의 고사다. 범중엄范仲淹
의 아들 범순인이 선비들과 함께 밤낮으로 강학에 힘써 장막이
등불에 그을려 먹처럼 검게 되었는데, 그의 부인이 후일 아들들
에게 "이것이 너희 부친이 젊은 시절 학업에 힘쓰신 자취이다"라
고 하였던 고사이다. 사미당이 자제들을 가르치면서 회초리를
칠 때 올려 세웠던 목침이 범순인의 묵장과 마찬가지로 자제들을
성취시켰던 것이다. 응와는 이 목침을 경침警枕이라 하였으니, 사

마광司馬光의 고사를 빌린 것이다. 북송의 사마광은 『자치통감』을 저술하면서 경침이라 이름 붙인 둥근 베개를 베고 잤다. 자다가 머리가 미끄러지면 일어나고자 함이었다. 응와종택의 사랑채에는 아직도 응와가 지은 「경침와기警枕窩記」가 높이 걸려 있다.

응와종택에는 독서종자실讀書種子室이라는 편액이 있다. 원래 북비채 안에 있던 것인데, 지금은 사랑채와 안채의 경계에 있는 안사랑채에 걸려 있다. 이 역시 사미당과 깊은 관련이 있는 편액이다. 응와의 기문을 보자.

이 마루는 마을의 가운데에 위치하여 터가 높고 처마가 탁 트였다. 나의 할아버지 사미당공四美堂公께서 부지런히 학문을 권장하시니, 나의 아버지 농서부군農棲府君께서 그 일을 주관하셨다. 날마다 집안의 젊은이들을 모아 학업을 익히게 하고 상벌을 베푸셨다. 내가 어릴 때 선배들의 뒤를 따라 날마다 이마루에 올라, 글짓기를 명하시고 재주를 겨루는 것을 보았는데 해가 저물어야 파하였다. 그러므로 이 마루는 비단 터전을 연 곳일 뿐만 아니라 한 집안의 '글 읽는 씨앗들'(讀書種子)이 모두 자취를 드러낸 곳이다. 우리 문중과 관계되는 바가 참으로 무겁지 아니한가!

불행하게도 세월이 오래도록 수리하지 않아 서까래가 무너지고 기둥이 기울었다. 신미년(1811)에 정침을 고쳐 세울 때 이곳

소눌 조석신이 쓴 독서종자실 편액

의 재목과 기와를 가져다 쓰니 이 마루는 폐허가 되어 버리고 말았다. 내가 개연히 복구할 생각이 있어 내당을 짓고 남은 자재들로 옛 주춧돌 위에 중건하였다. 건물의 규모는 비록 예전에 비해 작고 좁으나 선대의 뜻을 계승하고 자손들에게 편안함을 남겨 주는 뜻에는 비슷할 것이다. 지난날 마루에 편액이 없었기에 내가 독서종자실讀書種子室이라 편액하였다. 아! 사람이 책을 읽지 않을 수 없으니, 아비가 전하고 아들이 계승함이 끊어지지 않는다면 비로소 '종자種子'라는 이름을 저버리지 않을 것이다. 뜻을 돈독히 하고 힘써 실천하여 서책에서 옛 도를 찾아 참으로 '독서讀書'라는 이름에 부끄러움이 없도록 하는 것은 또한 각자의 노력에 달린 것이다. 이에 기록하여 후손들을 기다린다.(『凝窩集』,「讀書種子室記」)

'글 읽는 씨앗'에 담긴 응와의 마음이 간절하다. 응와는 사미당의 교법으로 인해 집안의 젊은이들이 그릇이 될 수 있었음을 상기하고, 후손들이 이 높은 뜻을 이어 가기를 바라는 마음으로 그 교학의 터전에 이 편액을 걸었던 것이다. 월봉의 부인 우봉이 씨가 강정江亭을 지어 외아들을 성취시킨 그 가법이 사미당에 이르러 재현되었으니, 이후 한개마을이 인물을 많이 배출한 것은 모두 사미당의 교법에 힘입은 바일 것이다. 사미당은 비록 초야의 포의였으나 한 집안을 일으킨 조상이었다.

3. 두 아버지, 농서와 함청헌

사미당에게는 두 아들이 있었다. 규진奎鎭과 형진亨鎭이다. 응와는 형진의 차남으로 태어나 규진에게 양자 들어갔다. 4대를 전한 종계宗系를 이어 5대 주손이 된 것이다. 낳아 주신 아버지와 길러 주신 아버지가 모두 소중하지만 응와는 양부에 대한 향념이 특별하였다.

이규진李奎鎭(1763~1822)은 자가 이공而拱이고 호가 농서農棲이며, 만년에는 건건자蹇蹇子라는 별호를 쓰기도 했다. 자손들은 그를 농서공이라고 하거나 은율현감을 지낸 까닭에 은율공이라 부른다. 대산大山 이상정李象靖(1711~1781)의 빼어난 제자인 입재立齋 정종로鄭宗魯(1738~1816)에게 배워 학문을 이루었다. 21세에 생원

응와종택 사랑채의 농서 친필 편액

이 되어 성균관에 유학하였으며 37세에 문과알성시에 장원급제
하였다. 내직으로는 종부시주부, 병조정랑, 사헌부장령 등을 지
냈고, 외직으로는 은율현감을 역임했다.

그는 천성이 중후하고 도량이 컸으며, 본말을 깊이 헤아려
처신하였기 때문에 후회하는 일이 없었다고 한다. 어려서부터
효심이 깊어 놀이조차 부모의 뜻을 따랐으며, 성균관으로 유학
갈 때 여비를 몰래 나누어 부모의 봉양에 보태도록 했다. 부모의
만년에도 끼니마다 고기를 빠뜨리지 않자 사미당이 오히려 거친
음식을 찾아 부담을 덜어 주고자 했다.

16세에 거창 무릉리에 사는 산수정山水亭 정형초鄭滎初(1705~
1788)의 손녀 동래정씨에게 장가들었는데 세조 때의 공신 동평군

東平君 정종鄭種(1417~1476)의 후손이었다. 경남유형문화재 287호로 지정되어 지금까지 잘 보존되어 있는 이 집에는 책이 많았고, 이 집의 주인인 정형초는 지인지감이 있었다. 일찍이 농서를 보고는 웃으며, "내가 평생 수천 권의 책을 쌓아 후손들에게 물려주려 하였더니 이제 이군李君의 것이 되겠구나!" 하였다. 농서는 처가의 분재分財 때 전답과 노비를 모두 사양하고 책만 가지고 왔다. 아마 이 책들이 그를 인재로 만드는 바탕이 되었을 것이다.

농서가 성균관에 유학할 즈음 정조는 자주 성균관에 행행하여 제술을 시험하였는데 농서가 여러 차례 으뜸으로 뽑혔다. 주위에 있는 신하들에게 물어 돈재의 손자임을 알게 된 정조가 농서와 주고받은 문답의 내용은 앞에서 이미 소개하였다. 농서가 창경궁 춘당대에서 치른 알성시에 장원하던 날 정조는 또 재미있는 상황을 연출한다. 장원한 시권을 직접 열어 농서의 이름을 확인한 정조는 "이 사람이 이제야 급제하였구나!" 하고 급히 불러들였다. 농서는 다리를 약간 절었는데 이를 출사 흠결의 구실로 삼는 사람이 있었다. 정조는 이러한 사정을 염두에 두고 문무장원을 함께 불러 걸어 보게 했고, 무과 장원 정경진鄭慶鎭이 예의상 농서보다 천천히 걸었다. 정조가 짐짓 하교하기를 "무장원이 문장원보다 걸음이 느리니 병조로 하여금 곤장으로 다스리게 하라" 한 뒤, 농서를 성균관전적에 임명하였다가 이튿날 바로 병조좌랑으로 옮겨 무장원의 곤장을 감독하게 하였다. 정조가 농서를 아끼는 마음이 읽히는 일화이다.

　병조에서 며칠을 근무한 농서가 근친을 위해 고향에 돌아갈 것을 청하였다. 정조가 특별히 허락하면서, "명예를 이루고 돌아가 어버이를 뵙고자 하는 것은 아들된 자의 지극한 마음이다. 오래지 않아 마땅히 다시 부를 것이지만 그 사이에도 책을 읽지 않을 수 없으니 『주서백선朱書百選』을 익히도록 하라" 하고는 자신이 손수 편집하여 내각에서 간행한 이 책 한 질을 하사했다.

　임금이 직접 장래를 약속하였으니 몹시 기뻤을 것이다. 고향에 돌아와 이 책을 읽으며 때를 기다리던 농서에게 그 이듬해 (1800) 정조의 승하는 청천벽력이었다. 장원급제하여 임금의 특별한 지우를 입었던 농서의 전성기는 여기서 끝난다. 그 뒤에도 사헌부감찰, 강원도사, 병조정랑, 사헌부장령, 은율현감 등의 벼슬을 하였지만 만약 '정조가 살아 있었다면' 하는 안타까움이 남는다.

　농서는 58세에 현감이 되어 부임한 황해도 은율현에서 탁월한 치적을 이루었다. 유풍을 진작시켜 도리를 알게 하고 민폐를 살펴 바로잡았다. 고을 창고가 비었다는 구실로 향리들이 거두어들인 곡식을 백성들에게 돌려주었고, 주인 없는 황폐한 토지를 10년 면세로 개간하게 하여 민생을 풍요롭게 했다. 농서의 치적을 눈여겨본 순찰사 권비응權조應(1754~?)이 인사고과에서 '실질을 힘쓴다' (務實)고 평하였다.

스스로 농서라고 자호하여, "사람들은 본분을 모른다. 조정에 벼슬이 없으면 들판에 있는 한 농부일 뿐이다. 벼슬 구하는 법을 배워 요행을 바라기보다는 차라리 밭을 다스리고 힘써 농사지어 스스로 본분을 지킬 따름이다" 하였다. 담담한 말투에 서글픈 체념이 묻어난다. 다리를 저는 사람이라는 뜻인 건건자蹇蹇子라는 호를 쓰기도 하였는데, "나의 걸음걸이가 불편한 것이 하나의 건蹇이고, 이끌어 주는 사람이 없어 세상과 어긋나는 것이 또 하나의 건蹇이다" 하였다. 농서와 건건자 두 호가 모두 달관한 듯이 보이지만 시대를 만나지 못한 어쩔 수 없는 달관이었을 것이다.

　응와의 농서에 대한 향념은 이 때문일 것이다. 아버지이기에 공경하고 섬기는 것은 당연하지만, 농서는 평범한 아버지가 아니었다. 빼어난 재능에다 임금의 지우까지 입어 포부를 펼칠 수 있었건만, 그 문턱에서 좌절하고만 아버지. 이런 아버지를 옆에서 안타깝게 지켜본 응와였다. 농서의 묘소는 성주 용암면의 적산에 있었는데, 묘갈명은 학서鶴棲 류이좌柳台佐(1763~1837)가 짓고 글씨는 고계古溪 이휘녕李彙寧(1788~1861)이 썼다. 학서는 서애 류성룡의 8대손으로 대사간을 지냈고, 고계는 퇴계의 10대 종손으로 동부승지를 지냈다. 응와가 명가의 명류들을 찾아 애써 받은 글과 글씨일 터이다. 그 묘갈 또한 두께가 30센티미터가 넘는 것으로, 그때나 지금이나 보기 드문 규모이니 응와의 마음을 헤아릴 수 있다.

응와에게 농서는 안타까움의 대상만이 아니라 실천으로 가르침을 주는 스승이기도 했다. 농서는 성품이 검약하여 평생 비단옷을 멀리했다. 당시의 사대부들이 복식은 물론이고 장도, 부채, 붓, 벼루 따위까지 사치하는 것을 보고, 나라를 망칠 폐단이라 통탄하며 집안사람들을 경계하였다. 농서의 이런 가르침 때문이었을까? 응와 역시 비단옷을 입지 않았다. 응와의 차자 기상驥相의 말을 들어 보자.

나의 부친 응와선생께서는 지위가 상경上卿에 이르셨으나 몸에는 비단옷을 걸치지 않으시고 기물을 주옥으로 꾸미지 않으셨다. 공손하고 검소하며 쓰임을 절약함으로써, 터전을 다지고 문호를 크게 열어 후손에게 넉넉함을 드리우셨다. 그 자손 된 자들은 마땅히 그 뜻을 받들어 실천하고 가법을 준수하여, 부귀할 때는 가난함을 헤아리고 풍요로울 때는 어려움을 살펴서 쓸데없는 사치나 긴요하지 않은 쓰임을 절약해야 할 것이다.(『敏窩集』,「諸孫四訓」)

농서가 남긴 검약의 가르침은 응와를 이어 그 아들에 이르기까지 가문의 가법이 되었던 것이다. 농서는 유고 4권을 남겼다.

응와의 생부 이형진李亨鎭(1772~1834)은 자가 덕원德元이고 호는 함청헌涵淸軒이다. 기억력이 비상해 하루에 수백 자를 외워 10

여 세에 이미 여러 책을 두루 독파하였다. 1796년(정조 20)에 조정에서 책문策文으로 시사試士하였는데 참가 자격이 까다로워 영남의 인사들이 많이 참여할 수 없었다. 이 시험에 함청헌이 형 농서와 함께 참여하자 사람들이 '금옥 같은 형제들'(金昆玉季)이라고 하였다.

27세에 입재 정종로의 문하에 들어가 성리의 학문을 배우고 『심경心經』과 『대학혹문大學或問』을 종이가 닳도록 읽었다. 32세에 소과에 급제하여 생원이 되었으나, 36세와 37세에 연이어 생부와 양부의 상을 당하고 대과응시의 뜻을 접었다. 한강 정구의 강학소였던 사창서당社倉書堂이 유람객의 놀이터로 변해 버리자 강장講長으로 취임하여 옛 규범을 다듬어 교육의 기능을 회복시켰다.

함청헌은 기상이 호연하였다. 52세에 모친의 상기를 마치고 한 장소를 정하여 책과 양식을 쌓아 두고, 말 한 필과 동자 한 명만 데리고 거처하였다. 가사는 모두 가족들에게 맡기고 고을의 벗들을 불러 학문과 역사를 토론하고 풍류를 즐겼다. 자연을 사랑하여 벗들과 유람 다니기를 좋아하였는데, 성주의 무흘정사武屹精舍와 칠곡의 녹봉정사鹿峰精舍, 달성의 이락서당伊洛書堂은 항상 노닐며 읊조리던 곳이었고, 서쪽으로는 구월산과 동쪽으로는 금강산, 남쪽으로는 부산의 몰운대까지 발길이 미치지 않은 곳이 없었다.

일찍이 웅와가 18세에 소년등과하자 우려하며 경계하였다.

네가 약간 재주가 있더니 과거급제가 너무 빠르다. 만약 크게
경계하고 삼가지 않는다면 원대한 그릇을 이루기 어렵다.

아울러 10년을 기약하여 독서에 힘쓰도록 하였다. 돈재의
충의와 사미당의 교법, 농서의 교훈과 더불어 함청헌의 이러한
경계의 말씀들이 웅와라는 걸출한 인물을 만들었을 것이다.

4. 형님 한고 이원호

응와에게는 형님이 한 분 있었다. 생부 함청헌의 아들이니, 양자 나간 촌수로 따지면 8촌인 생가의 형님이다. 두 살 터울의 이 형제는 어려서부터 함께 어울려 놀며 우애가 남달랐다.

이원호李源祜(1790~1859)는 자가 주로周老이고 호는 한고寒皐이다. 사마시에 급제하여 진사가 되었다. 어려서부터 준수하였으며 공부하는 것을 번거롭게 여기지 않았다. 문사가 날로 성취되어 민첩하고 오묘하였다. 사익을 불리거나, 청탁을 꾀하거나, 상스럽고 비천한 일은 입에 올리지 않았다. 정치의 득실, 인물의 선악에 대해서는 흐릿하게 마치 듣지 못한 듯이 하니 사람들이 부처라고들 하였다. 그러나 일의 가부를 판단할 즈음에는 자기의 의견을 세워 흔들리거나 빼앗기는 바가 없어, 사람들이 모두 두려워했다. 다음은 응와가 형님을 묘사한 내용이다.

아! 우리 형님은 재주와 학식이 넉넉하여 젊은 나이에 기상이 성대하고 명예가 널리 드러나 사람들이 모두 조만간에 포부를 펼칠 수 있을 것이라 생각했다. 그러나 끝내 떨치지 못하고 포의로 늙어 가며, 작은 것을 편안히 여기고 큰 것을 구하지 않아 마치 잊어버린 듯이 하였으니 어찌 사람마다 능히 할 수 있는 일이겠는가! 천성이 욕심이 적고 마음이 고요하고 맑아 세상살이의 교묘한 생각이 없었으니, 세상 사람들이 모두 좋아하는 명리의 유혹을 초개보다 더 하찮게 여겼다. 본령이 이러하고 보니 일을 처리하고 사람을 응대함에 겸양을 위주로 하였고, 기억력이 비상하여 학식이 넉넉하였으나 재주로 여기지 않았으며, 생각이 민첩하고 예리한 것을 스스로 드러내려 하지 않았다. 아름답도다, 사물을 포용하는 도량이여! 확고하도다, 선善을 즐기는 마음이여! 가슴에 가득 찬 기운이 세속의 구속을 받지 않고 저절로 드러나 움직이니, 속세의 먼지와 찌꺼기들이 그 뜻을 방해할 수 없었으며, 오직 산과 물에서 울적한 회포를 풀었다. 사람들이 만약, '때를 만나지 못하였으나 회포가 호탕하여 연연해하지 않았다'라고만 생각한다면 우리 형님의 마음을 제대로 아는 자가 아닐 것이다. 우리는 두 사람이지

만 한 몸이었고 형제이자 지기였으니, 70년 동안을 하루같이
변함이 없었다.(『凝窩集』,「寒皋行狀」)

　　형님에 대한 응와의 곡진한 마음이 읽히는 글이다. 한주寒洲
이진상李震相이 바로 원호의 아들이니, 응와에게는 조카가 된다.
이상에서 살펴본 인물들의 세계世系를 도시하면 다음과 같다.

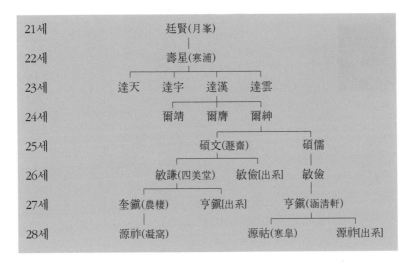

21세			廷賢(月峯)				
22세			壽星(寒浦)				
23세	達天	達宇	達漢	達雲			
24세		爾靖	爾膊	爾紳			
25세			碩文(遜齋)		碩儒		
26세		敏謙(四美堂)	敏儉[出系]		敏儉		
27세		奎鎭(農棲)	亨鎭[出系]		亨鎭(涵淸軒)		
28세		源祚(凝窩)			源祜(寒皋)		源祚[出系]

제3장 응와 이원조, 그는 누구인가

세상 사람들은 응와를 성주이판서라고 부른다. 마을 사람들은 응와종가를 대감댁이라고 한다. 그의 벼슬이 영광스럽다는 말이다. 숙종 이후 남인의 중앙 진출이 극히 어려워 판서는 손꼽을 정도이고, 영남의 불천위 대상 가운데도 판서에 이른 사람은 드물다. 더구나 판서는 정이품이지만 응와의 품계는 종일품 숭정대부였으니 그 벼슬이 돋보일 수도 있다. 그러나 '공조판서 이원조'만으로 응와의 성취를 평가하기에는 그의 삶이 간단치 않다. 쓰라림과 고뇌 속에서 위국애민為國愛民으로 밟아 올라간 벼슬길이기에 그 벼슬이 더욱 빛나고, 벼슬살이의 겨를에 어렵사리 이룬 학문이기에 그 학문이 더욱 소중하다. 선조의 가르침을 계승하여 가문을 빛냈으니 훌륭한 자손이었고, 위업을 이루어 후손에게 전하였으니 훌륭한 조상이었다. 그러므로 그의 삶을 살피는 일은 관리로서, 학자로서, 자손으로서, 조상으로서의 삶이 어떠해야 하는지의 당위를 탐색하는 일이다.

　　응와는 평생 동안 여러 개의 호를 가지고 있었다. 이 호들은 모두 그의 지향을 나타내고 있고, 삶의 궤적이 그 호를 따라가는 느낌이 있다. 10대 후반의 만와晩窩, 20대 초반의 축송鷲松, 20대 후반의 난고懶高, 30대 후반의 호우毫宇, 50대 중반의 응와凝窩, 60대 초반의 만귀산인晩歸山人에 이르기까지의 모든 호들이 그의 삶을 반영하고 있다. 이제 이 호들을 따라가며 응와의 삶을 살펴보자. 여섯 개의 호를 모두 다루자면 시기가 너무 세분되고, 본인이

즐겨 사용한 호우와 응와만 이야기한다면 글이 산만해질 우려가
있다. 이에 네 개의 호를 테마로 삼아 생애를 정리한다.

1. 영축산의 소나무

이원조李源祚(1792~1871)는 자가 주현周賢이며, 가장 잘 알려진 호는 응와凝窩이다. 1792년(정조 16) 2월 6일에 경북 성주 한개마을의 남인 가문에서 태어났다. 그의 생부는 성균생원 형진이었고 어머니는 함양박씨인데, 후일 백부인 규진에게 양자 나갔다. 양모는 동래정씨이다.

8세에 배우기 시작하여, 10세에 이미 『주역』을 제외한 사서이경四書二經에 모두 통했다. 전통적인 학습 방법에서 배운 것을 암송하고 해석하여 스승의 검증을 끝낸 것을 '통通'이라고 하니 2년 만의 놀라운 성취다. 이후 제자서와 역사서는 물론 과거문체까지 두루 익힌다.

응와의 배움과 관련해서는 매은梅隱 조승수趙承洙(1760~1830)와 입재立齋 정종로鄭宗魯(1738~1816)를 언급해야 한다. 우선 매은과의 관계를 살펴보자. 응와는 15세에 풍양조씨에게 장가들어 처삼촌인 매은에게 『중용장구中庸章句』와 『대학장구大學章句』를 배운다. 이미 읽은 책들이지만 성리학의 심오한 이론을 심화 학습하였다. 이후 응와의 독서 방향이 『심경心經』, 『근사록近思錄』, 『주서절요朱書節要』 등 성리학의 기본 서적들로 간 것을 보면, 그가 처삼촌을 통해 학문의 방향을 배웠음을 알 수 있다. 매은은 검간黔澗 조정趙靖(1555~1636)의 후손이고 검간은 학봉鶴峰 김성일金誠一(1538~1593)의 제자다. 응와는 매은을 통해 퇴계로부터 학봉으로 이어지던 영남 주리학主理學의 학맥과 만났던 것이다. 이렇게 다진 학맥은 입재를 만나 더욱 공고해진다.

응와는 18세(순조 9, 1809)에 효명세자의 탄신을 기념하는 증광별시에 을과 6등으로 급제한다. 시골서 올라온 18세 소년의 최연소 급제였다. 응와의 소년등과로 서울이 떠들썩했다는 기록이 남아 있다.

내 친구 이이공李而拱에게 영조永祚라는 아들이 있다. 18세에 영남에서 초시에 합격하고 서울에 올라와 과거에 급제하니 명성이 도성을 떠들썩하게 하였다. 사람마다 그 재주를 기이하게 여기지 않음이 없었으나, 다만 그가 서울 사람이 아님을 안타까워했다.(「送李而拱奉新恩子榮歸序」)

　　농서의 동료였던 사헌부지평 정원선鄭元善의 글이다. 이공은 농서의 자이고 영조는 웅와의 초명이다. 서울 사람이 아니어서 안타깝다는 말은 서울 출신의 노론들이 집권하고 있는 세상에서 영남의 남인이 급제하였으니 재주는 아깝지만 출세하기 어렵겠다는 말이다. 이후 웅와의 관직생활을 보면 이 말은 예언처럼 적중한다.

　　소년등과하고 돌아온 웅와에게 농서와 함청헌은 칭찬보다 경계를 먼저 하였다. 함청헌의 경계 말씀은 앞에서 살펴본 바이고, 농서 또한 공명심을 버리고 독서에 매진하기를 당부하였다. 웅와의 '만와晚窩'라는 자호는 이 시기 부친들의 경계를 반영한 것이다. 스스로 지은 「만와기晚窩記」의 한 대목을 살펴보자.

　　'만晚'으로 이름한 것은 '빠름'(早)을 경계한 것이다. 만약 '빠름'으로 '빠름'을 이름한다면 이는 작은 것에 안주하여 큰 것에 뜻을 두지 못함이며, 가까운 것에 골몰하여 먼 것을 구하지 못함이니 어찌 책려하고 스스로 경계하는 뜻이 있겠는가!

　　웅와는 20세에 서울로 올라간다. 출사하고 있던 농서의 병환 때문인데, 부친을 시병하고 있던 그에게 가주서假注書의 벼슬이 내려졌다. 주서는 승정원의 기록을 담당하는 벼슬이고, 가주서는 주서가 결원일 경우에 대행하던 임시 관직이다. 응와는 한 달여 동안 근무한다. 소년재사의 총명함을 흡족하게 여긴 순조의 분부로, 한 달 동안 100여 차례나 배석하여 크고 작은 일들을 기록하였다. 응와는 이 시기 순조와의 대화 내용을 직접화법으로 기록해 두었다. 일부를 인용한다.

신미년(1811) 여름에 선고께서 벼슬로 인해 성균관에 머무르셨다. 병환을 얻으셨다는 연락을 받고 뵙고자 상경하였다. 5월 초에 가주서가 되어 당후堂后에 들어갔는데 이튿날 희정당에 입시하였다. 강이 끝나고 물러가려 할 즈음 상께서 나에게 물어보셨다.

"너는 어디 사느냐?"

"경상도 성주에 삽니다."

"너는 몇 살이냐?"

"스무 살입니다."

"너는 어느 과거에 급제하였느냐?"

"기사년 증광시에 급제하였습니다."

"그때 네 나이가 몇 살이었느냐?"

"열여덟 살이었습니다."

"어찌 그리 빨리 급제하였지? 표문表文으로 급제하였는가? 책문策文으로 급제하였는가?"

"초시에서는 표문과 책문이 모두 뽑혔고, 회시에서는 책문과 부賦가 모두 삼하三下의 등급으로 뽑혔습니다."

"네가 스스로 지은 글이냐?"

"나이 어리고 배움도 얕은데 뜻밖에 급제하여 실로 황공하고 부끄러움을 이길 수 없으나 결코 감히 다른 사람의 손을 빌리지는 않았습니다."

"네가 능히 시권을 외울 수 있느냐? 초시의 시제와 지은 표문을 먼저 외어 보라."

내가 외우기를 마치자 다시 말씀하셨다.

"회시의 시제와 책문을 다시 외우라."

내가 책문의 제목과 기두起頭 부분을 외우자, 상께서 다시 외우라는 명을 연이어 내리셨다. 황공하고 당황하여 간신히 기억을 되살려 조목을 따라 외우자 상께서 웃으시며 그만두게 하시고 다음 부분을 외우게 하셨다. 내가 책문의 허두虛頭 부분을 외우자 다시 중두中頭 부분을 외우게 하시고, 끝나자 다시 전시의 시권을 외우게 하셨다.…… 상께서 승지를 돌아보고 말씀하기를,

"이 주서는 과거에 급제한 지가 이미 수년이 지났는데 어찌 이처럼 기억하는가?" 하시니 승지 송지렴宋知濂이 대답하기를,

"이 주서는 인재로 알려져 있습니다. 젊은 나이에 문채가 빛나

서울에 유명합니다" 하였다.(『凝窩集』, 「堂后記事」)

　이해 가을에 사임한 부친을 모시고 고향으로 돌아왔다. 이
즈음 그는 축송鷲松이라고 자호한다. 영축산의 소나무라는 말인
데, 뜻이 자못 원대하다. 응와는 「축송해鷲松解」에서 호의 뜻을 설
명하기를, "수리가 한 번 날면 뭇짐승들이 숨고, 소나무는 세한歲
寒의 절조를 지키다가 큰 집의 동량이 된다" 하였다. '만와'에서
움츠렸던 응와가 '축송'에서 스스로 튄 것이다. 이 호를 실제로
쓰지는 않았던 듯하지만, 감추려 해도 감추어지지 않는 소년재사
의 포부가 잘 드러나 있는 호이다. 응와의 20대와 30대는 이 호를
따라 흘러간다. 이때 품은 포부를 줄곧 버리지 않았으나, 노론집
권기에 남인 출신 청년의 벼슬길은 그리 만만치 않았다.
　21세 8월에 승문원의 부정자副正字에 임명되었으나 나가지
못했다. 아마 고향에 있었기 때문일 것이다. 조선의 관리인사는
6월과 12월의 정기인사와 수요에 따른 임시인사가 있었지만, '아
침에 임명되고 저녁에 옮기는'(朝拜暮遷) 경우가 많았다. 특히 서
울에 거주하고 있지 않으면, '외지에 있음으로 해서 체직되는
것'(在外遞職)이 상례였으니 응와도 아마 이 경우에 해당할 것이
다. 이런 사정이고 보니 지방 출신의 급제자들은 핑곗거리를 만
들어 서울에 머물려고 했다. 응와는 평생 서울에 정해진 숙소가
없었다. 출사할 때는 관청의 직소나 성균관의 재사, 또는 여관에

머물렀고 이유 없이 문경새재를 넘지 않았다.

이듬해(22세) 여름, 응와는 상주의 우산愚山으로 입재 정종로를 찾아간다. 입재는 조선 유학의 학통선상에서 매우 중요한 위치에 있는 인물이다. 퇴계를 정점으로 하는 영남의 주리학은 학봉 김성일과 서애西厓 류성룡柳成龍(1542~1607), 한강 정구에 의해 학통을 형성하였다. 영남의 학자들은 이들의 학통을 연원정맥으로 인정하였고 이 계통상에서 사제 관계가 성립되는 것을 긍지로 여겼다. 입재는 서애의 제자였던 우복愚伏 정경세鄭經世(1563~1633)의 6대 종손이니 가학연원으로 보면 서애학맥이다. 한편 입재는 대산 이상정을 사사하여, 퇴계—학봉—경당敬堂(張興孝)—갈암葛庵(李玄逸)—밀암密庵(李栽)—대산大山으로 이어진 학통을 계승하였다. 그러므로 입재의 사문연원은 학봉학맥이다. 응와는 매은을 통해 접하였던 영남 주리학의 전통을 입재를 만나 견고하게 다질 수 있었다.

입재는 돌아가는 응와에게 시 두 수를 주었는데, 한 수를 소개한다.

나에게 별 찌르는 칼 있어 　　　　　　　我有衝星劍
깊이 숨겼더니 이끼가 수놓았네. 　　　　深藏任繡苔
크게 쓰일 희망도 사라졌지만 　　　　　已無斷犀望
숫돌에다 갈리라 말하였다네. 　　　　　敢道發硎來

세상일에 귀밑머리 백발이라	萬事餘雙鬢
외로운 회포 술잔에 기탁하네.	孤懷寓秫杯
그대 만나 정담을 나누는 밤	逢君今夜話
칼집이 울리며 열리려 하네.	蛟匣吼如開

입재는 응와에게 칼을 주고 싶었다. 예사 칼이 아니라 칼 빛이 별을 찌르는 보검이다. 보검은 깊이 숨어 있어도 그 기운이 밤하늘의 별을 쏘아대는 것처럼, 인재는 숨어 있어도 드러나는 법이다. 입재는 포부가 컸던 모양이다. 이런 칼을 가지고 있었다. 그러나 입재는 이 칼을 써 보지 못했다. 그래도 언젠가는 이 칼을 갈아서 쓰리라 하며 이끼 긴 칼을 품고 있었다. 그러나 이제는 세월이 흘렀다. 그 희망도 접었다. 그런데 응와를 만난 이 밤에 교룡의 가죽으로 만든 칼집 속의 칼이 나오고 싶어 운다. 주인을 만난 것이다. 입재는 이 칼을 응와에게 주어 자신이 못다 펼친 꿈을 이루기를 기약하였다. 입재가 기약한 꿈은 아마 경륜의 꿈일 것이다. 입재를 만나고 돌아온 응와는 주자의 편지글을 분류하여 『주서류선朱書類選』으로 묶었다. 응와는 스승들을 만나고 올 때마다 주자에게 다가가고 있었다.

23세부터 29세까지 고향에 머무르기도 하고, 서울에 올라가 직무를 수행하기도 했다. 한편으로는 현감으로 부임하는 부친을 배종하여 황해도 은율을 다녀왔고, 상주로 가서 늦게 만난 스승

입재를 문상하였으며, 안동에 가서 선배 학자들을 만나기도 했다. 그동안 임명된 벼슬은 24세의 승문원부정자(종구품), 25세의 승문원저작(정팔품) · 봉상시직장(종칠품) · 승문원박사(정칠품), 27세의 성균관전적(정육품) · 사헌부감찰(정육품) · 예조좌랑(정육품) · 병조좌랑(정육품), 28세의 사헌부지평(정오품) · 이조정랑(정오품), 29세의 사간원정언(종육품) · 사헌부지평(정오품) 등이다.

종구품부터 정오품까지 참 많은 벼슬을 거쳤는데, 이렇게 직책이 자주 바뀌고서도 직무를 제대로 수행하였을지 의문이다. 특히 24세의 부정자는 이미 21세 때 받은 벼슬이고, 28세에 정오품의 지평에 올랐다가 29세에는 종육품의 정언으로 내려갔다가 다시 지평이 되니 이상한 벼슬길이다. 더구나 젊은 관료들의 희망이던 홍문관에는 가 보지도 못했다. 이 무렵 응와는 난고懶高라는 호를 썼다. '懶'는 '나'로 읽지만 원음이 '난'인데, 자손들은 '난'으로 읽고 있다. 「우제偶題」라는 시에 "게으름을 고상하게 여기며 졸렬함을 지켜, 외물의 유혹은 무심함으로 이기리라"(以懶爲高拙爲防, 外誘却以無心克)라고 한 시구가 있는데 아마 이 뜻일 것이다. 게으름이 고상하다는 것이다. 색목을 잘못 타고난 소년재사가 벼슬길에 지쳐 늙은이 소리를 하고 있는 것이다. '축송'의 높은 기상이 한풀 꺾였다.

29세의 사헌부지평을 끝으로 돌아와 6년 동안 고향에 있었다. 부친 농서가 작고하여 슬픔을 맛보았고, 월봉이 강학하던 한

천서당寒川書堂을 보수하여 집안의 젊은이들에게 삭강朔講을 실시하였으며, 영남 유림의 추대로 한강의 문묘종사를 청하는 상소를 올리기도 했다. 자손된 도리와 선비된 책무를 수행한 것이다.

35세에 성균관직강이 되어 올라갔다가 한 달 만에 충청도 결성현감으로 발령이 났다. 처음 임명된 지방의 수령이다. '축송'으로 품은 뜻을 작은 고을에서 펼칠 기회를 얻은 것이다. 말로만 듣던 삼정의 문란과 향리들의 부정을 목도했다. 향리와 군관의 근무기강을 확립하고, 환곡을 통한 향리들의 착취와 공금유용을 단속하였으며, 유명무실하던 향교교육을 활성화시켰다. 한창 개혁을 추진하던 즈음에 생모 함양박씨의 병환 소식이 왔다. 급히 고향으로 돌아가 임종을 지켰다. 부임한 지 10개월 만이다. 따라왔던 결성의 아전들이 상주가 되어 돌아갈 수 없는 응와 때문에 통곡하였고, 결성현 백성들은 유애비遺愛碑를 세웠다. 응와의 치적이 없었다면 10개월 재직한 현감을 위해 하기 어려운 일이다.

필자는 여기까지를 '축송'의 뜻으로 지켜 온 기간들로 본다. 뜻은 크고 높았으나 좌절도 맛보았다. 소외와 지지부진의 벼슬길과 어머니의 죽음으로 중도에 꺾인 경륜의 꿈들이 어우러진 시기였다. 처음에 갈무리한 포부처럼 득의하지는 못했지만, 소년재사의 우뚝하고 높은 기상만은 기억되어야 할 시기이다.

2. 터럭에서 우주까지

38세에 응와는 자신이 거처하는 방에 '호우실毫宇室'이라는 이름을 붙이고, 이후 '호우毫宇'라는 호를 사용한다. 「호우명毫宇銘」을 보자.

터럭(毫)보다 작으며	莫纖非毫
우주(宇)보다 크랴.	莫鉅非宇
작은 것이 쌓여서	秒忽之積
천지를 채운다네.	穹壤之溥
너의 육신 살펴보면	眂爾顧趾
만물과 하나로세.	與物爲伍

그 형상 몹시 작되	其形甚藐
지혜는 한량없어.	其知甚普
천지를 감싸 안고	把握乾坤
고금을 포괄하네.	攬括今古
관건은 내게 있어	其機在我
마음이 몸의 주인.	心爲身主
만물은 크고 작되	物有小大
이치는 오직 하나.	理無精粗
깰 수 없고 싣지도 못해	莫破莫載
성인만이 보신다네.	維聖是睹
크기로는 하늘이요	大而彌昊
작기로는 실낱이네.	細而析縷
네 방을 살펴보아	相在爾室
부끄러움 없어야지.	無愧仰俯
호연지기 꽉 채우고	充爾浩氣
네 주변을 단속하며.	斂爾環堵
자랑 말고 비굴 말고	非夸非局
네 법도 힘써야지.	勖爾繩矩

이 명문銘文은 응와가 도학자임을 분명하게 드러낸다. 앞의
4구에서 '작은 것이 쌓여서 크게 된다'(積小成大)는 이치를 바탕에

응와종택 사랑채 마루의 「호우명」

이삼만이 쓴 응와종택 사랑채의 호우 편액

깔고, 다음 8구에서 성리학의 심성론을 다루었다. 몸의 주인인 마음, 그 마음의 허령지각虛靈知覺한 위대한 작용을 천명하여 주자의 유심론을 따라갔다. 그다음의 여섯 구절이 이 명문의 핵심이다. 작은 것(毫)에서부터 큰 것(宇)에 이르기까지 편재하고 있는 '리理'에 대한 천명이다. '리'는 주자로부터 퇴계를 거쳐 이 시기 이 땅의 도학자들이 묵수하던 성리학의 절대가치이자 만물의 존재근거이다. 세상의 모든 일은 '리'에 의하지 않음이 없고 선비는 '리'에 따라 실천해야 한다. 그러므로 '리'를 말하고 나면 수양론이 나오지 않을 수 없으니, 마지막 6구이다. 응와는 '호우'라는 호를 통해 주리학자로서의 자신을 자리매김한 것이다. 의연히 내 길을 가겠다는 마지막 두 구절이 가슴을 울린다. '축송'의 젊어서 거칠었던 포부가 '호우'에 와서 원숙해졌다. 이후 응와의 삶 십수 년간을 이 호를 따라가면서 추적해 보자.

39세에 응와는 효명세자의 인산에 참여하기 위해 서울로 올라갔다. 사간원정언에 임명되었다. 10년 전에 이미 받았던 벼슬이다. 다시 성균관전적으로 옮겼다. 역시 27세에 이미 거쳤던 벼슬이다. 41세에는 시강원사서로 옮겨 세손(후일의 현종)의 서연에서 잠시 봉직하다가 곧 체직되어 돌아왔다.

42세 정월, 어머니 정씨의 상중에 시강원사서의 벼슬이 또 내려왔다. 작년에 체직되었던 그 벼슬이다. 복상 중이기도 하거니와 나아갈 마음도 없었으리라. 그 이듬해 정월에는 생부 함청헌이 작고하고 11월에는 자신을 아껴 주던 순조가 승하했다. 거듭되는 슬픔으로 병이 생겨 거의 생명이 위태로운 지경에까지 이르렀다.

46세 7월에 또 사간원정언으로 발령이 났는데 이번에는 실록기주관을 겸하였다. 『순조실록』의 편찬에 참여하라는 뜻이다. 상경하여 봉직하다가 11월에 정언을 사직하고 실록 편찬의 업무에만 종사할 것을 청하고, 아울러 신왕의 등극 초에 치도의 요점을 밝히는 「군덕민사소君德民事疏」를 올렸다. 상소를 읽어 본 헌종은 "그대의 말이 시폐를 정확하게 지적하였으니 무척 가상하다. 항상 눈여겨보면서 잊지 않도록 하겠다"라는 비답을 내렸다. 이듬해 실록이 완성되자 잠시 성균관에 머무르다 고향으로 돌아왔다.

48세 되던 1839년(헌종 5)에 사헌부장령이 되었다가, 6월의 도정都政에서 군자감정軍資監正이 되었다. 군자감정은 아직 당하관堂下官이기는 하지만 정삼품이다. 뿐만 아니라 독립된 관청의 책임자이니 기관장이다. 7월에 입성하여 사은하고 8월부터 군자감에서 봉직했다. 당시 군자감은 마포의 한강변에 위치하고 있어 강감江監이라고 불렀는데, 주변의 경관이 아름다워 문사들의 출입이 잦았다. 응와는 여기서 8개월을 봉직하면서 장안의 명사들과 두루 교유하였다.

이듬해(49세) 3월에 강릉부사에 임명되었다. 당시 강릉은 누적된 폐단으로 백성들이 고을을 떠나고 있는 상황이었다. 이를 수습할 적임자로 중론이 모아져 단행된 인사였다. 강릉은 대도호부로 규모가 큰 고을이었고 직품은 정삼품 당상관이었지만 응와는 당하관 통훈대부의 품계로 부임하였다. 사람은 필요하지만 직품은 올리기 싫은 인색한 인사였다. 응와는 도착 즉시 삼정구폐소三政救弊所를 설치하였다.

누적된 미납세액을 충당하기 위해 먼저 자신의 녹봉을 전액 출연하고 관용을 절약하여 이에 보탰다. 조정에 상소하여 대관령 서쪽의 황무지 320결에 대한 세금을 일정기간 면제할 것과, 명목만 남아 있는 삼공蔘貢의 이자 수천 냥의 탕감을 청하여 허락을 얻었다. 호구를 정비하여 실상과 다른 군역세를 없애고, 환곡의 과정에서 발생하는 향리들의 부정을 엄격하게 규제하였다. 이러한 일련의 조치들로 파탄 직전의 강릉이 살아나고 있었다. 고향을 떠났던 백성들이 다시 모여들었고, 향교와 서원에는 학문이 일어나고 있었다. 10개월의 재임기간이었지만 응와의 치적은 눈부신 바가 있었고, 관찰사는 인사고과(殿最)에서 "기필코 난국을 수습하고자 하는 마음이 있고, 인품이 반듯하여 사사로운 이익을 멀리한다"(心必有濟, 器方別利) 하였다.

이해 12월에 제주 모슬포 앞 가파도에 영국 군함 두 척이 정박하여 발포하고 가축을 약탈했다. 조정에서는 이 일의 책임을 물어 목사를 파직하고 민심을 수습할 인물을 찾았다. 강릉에서의 눈부신 치적을 파악하고 있던 영의정 조인영趙寅永(1782~1850)이 응와를 추천했다.

　이듬해(50세) 정월 초하루에 제주목사에 임명되었고, 품계는 당상관 통정대부로 올랐다. 당하관은 정책을 수행하는 자리이고, 당상관은 정책을 결정하는 자리이니 관료사회의 꽃이다. 18세에 급제한 해로부터 기산하면 32년 만이고, 당하관의 최고 품계인 통훈대부에 승자한 해로부터는 23년 만이다. 한 품계가 오르는데 23년이 걸렸으니 참으로 힘든 벼슬길이다. 이때 어떤 사람이 "이원조는 문학하는 선비이니 홍문관을 거치게 해야 한다. 이제 당상관이 되면 홍문관에는 갈 수 없다" 하였다. 조인영이 말하기를 "홍문관이 청요직이기는 하나 국가의 위급함보다 더 중요한 것은 아니다" 하고 응와를 임명하였다. 당상관은 되었으나 선비들의 영예인 홍문관과는 영영 멀어진 것이다.

　폐정이 바로잡혀 가던 시기에 이루어진 그의 체임은 강릉부의 불행이었다. 강릉부민들은 강원감사 이광정李光正(1780~1850)에게 호소하였고, 이광정은 강릉부의 형세가 마치 중류에서 노를 잃어버린 것과 같다고 장계를 올려 그의 유임을 청하였으나 되돌릴 수 없었다. 떠나가는 길목마다 목비木碑가 즐비했고, 역마다 백성들이 음식을 올렸다.

　윤3월에 제주에 도착하여 포화에 놀란 백성들을 안정시키고 조정에 원조를 요청하여 기민을 구제했다. 군비를 확충하여 유

사시를 대비하고, 학문을 장려하여 유풍을 진작했다. 공무의 여가에는 제주 지방지인 『탐라지耽羅誌』를 저술하였다.

제주가 평온을 찾은 1843년(헌종 9) 7월에 제주를 떠났다. 2년 4개월의 임지였다. 서울에 입성하여 병부兵符를 반납하고 귀환을 보고했다. 곧 형조참의에 제수되었으나 고향으로 돌아왔다. 11월에 헌종비 효현왕후가 승하하여 상경하였는데, 이듬해(54세) 정월에 우승지가 되었다. 11월에는 다시 좌승지로 옮겼다. 이듬해(55세)에 고향에 돌아와서 『성경性經』을 집필했다. 성리학적 지향을 극명하게 보여 주는 응와의 대표적 저술이다.

여기까지가 '호우' 라는 호가 담지하고 있는 기간이다. 어려운 시기의 강릉부와 제주목을 맡아 경륜을 펼칠 수 있었고, 그 경륜의 결과는 눈부신 것이었다. 조정에 들어와서는 승정원에서 승지로 근무하면서 임금을 가까운 거리에서 모시기도 했다. 난국을 타개할 인재로 인정도 받았고, 혜택을 입은 백성들의 사랑도 받았다. '호우' 라는 호에서 드러내었던 성리학자로서의 지향도 『성경』으로 결실을 보았다. 당연히 했어야 할 홍문관의 벼슬을 못한 아쉬움이 있지만 '호우' 가 지향하던 중년의 원숙함으로 잘 극복하였을 것이다.

3. '응와'에 기탁한 뜻

응와는 50대 중반부터 '응와凝窩'라는 호를 사용하였다. 현재 '凝窩'라고 쓴 편액은 두 개가 남아 있다. 하나는 응와의 친필로 응와종택 사랑채 마루 정중앙에 걸려 있고, 다른 하나는 청말의 명사인 중국인 황작자黃爵滋(1793~1853)가 쓴 것으로 만귀정에 걸려 있다. 황작자는 호가 수재樹齋이고, 홍려시경鴻臚寺卿, 대리시소경大理寺少卿 등을 지낸 명사이며, 특히 임칙서林則徐와 함께 아편엄금론자로 유명하다. 황작자도 조선에 나온 적이 없고 응와도 청나라에 간 적이 없는데 어떻게 이 편액이 있게 되었는지는 알 수 없지만 응와의 호가 중국에까지 알려진 것은 이채롭다.

응와가 지은 「응와기凝窩記」의 일부를 살펴보자.

응와종택 사랑채 마루의 응와 친필 편액

황작자가 쓴 만귀정의 응와 편액

사람이 태어날 때 기다란 고깃덩어리이지만 가슴속의 구멍이 엉기어(凝) 마음이 되니 안은 비었고 밖은 둥글다. 오성五性이 갖추어지고 삼재三才가 갖추어져 온갖 조화가 여기에서 나오니, 사람의 영묘함도 그 근본은 또한 엉김인 것이다. 그러므로 마음은 고요하지 않으면 쉽게 도망가고, 기운은 모이지 않으면 힘이 없으며, 몸은 중후하지 않으면 위엄이 없다. 고요함과 모임과 중후함이 모두 엉김의 부류이니 엉긴다는 뜻이 무겁지 않은가! 나는 받은 기운이 가볍고, 타고난 자질이 거칠어 기질의 병을 따라 마음이 구속되니, 말을 하고 일을 처리함에 종종 경박하고 조급한 걱정이 있었다.…… 특히 도가道家 연단술사들의 '정신을 응집하여 모은다'(凝聚精神)는 말에 느낌이 있어, 엉긴다(凝)는 것으로 움집(窩)의 이름을 삼고 그 뜻을 부연한다. 늙고 배움을 잃은 몸이 비록 '지극한 덕으로 도를 이룬다'(至德凝道)는 가르침을 감히 말할 수는 없으나, 아침저녁으로 몸으로 점검하면 혹 마음을 다스리고 덕을 기르는 데 일조할 수 있을 것이다.

'응凝' 한 글자에 참 많은 뜻을 기탁하였지만 핵심은 수양론이다. '호우'에서 살짝 드러낸 수양론을 철학적으로 심화한 것이다. 앞부분에서 성리학이 설명하는 마음의 실체를 말했다. 과학으로서는 이해하기 어려운 표현이지만, 마음의 영묘함을 말하기 위한 포석이다. 그 마음의 실체를 응와는 '엉김'(凝)이라고 하였다. 엉김의 상태이기 때문에 풀리면 도망간다는 것이다. 그러므로 엉김을 유지하는 것이 수양이며 선비되는 길이다. 기운도 모여 있어야 힘이 생기고, 중후하게 처신해야 위엄이 생긴다. 이것들도 '웅'의 수양을 통해 이루어지는 성과이다.

　도가의 연단술을 이야기하였지만 연단술 자체를 인정한 것이 아니라 그들이 하는 '정신을 응집하여 모은다'는 말이 가슴에 와 닿았다. 유가로 도가를 끌어안은 것이다. '지극한 덕으로 도를 이룬다'는 말은 『중용』의 "지극한 덕이 아니면 지극한 도는 이루어지지 않는다"(苟不至德, 至道不凝焉)라는 말을 원용한 것이다. 이 『중용』의 가르침을 감히 말할 수 없다는 것은 성인의 경지이기에 겸손하게 한 말이며, 그럼에도 불구하고 굳이 이 말을 한 것은 이 길로 가겠다는 말이다. 마지막 구절의 말처럼, '마음을 다스리고 덕을 길러' 옛 성인이 제시하였던 그 길로 가겠다는 말이다.

　50대 중반의 깊어진 학문과 원숙한 인품이 묻어나는 글이다. 스스로를 경박하며 조급하다고 반성하는 선비의 모습이다. 이후 응와는 이런 자세로 살았을 것이다. 살펴보자.

　1846년(헌종 12) 6월의 우부승지와 좌승지를 이어 7월에 평안도 자산부사에 임명되었다. 55세 때였다. 자산에 부임한 이듬해 3월, 청나라는 압록강과 동가강 사이의 공지에 무단 월경하여 살고 있던 불법거류민들을 다스리기 위해 군대를 파견했다. 조선

정부에는 길을 인도할 관리의 파견을 요청했다. 조정은 강계부사와 정주목사에게 각각 호조참판과 병조참판의 임시 직함을 주고 지로사指路使로 임명하여 이들을 안내하게 하고, 태천현감과 자산부사였던 응와에게는 승지의 직함을 주어 노문사勞問使로서 이들을 영접하게 했다.

응와는 자산을 출발하여 개천과 희천을 지나 적유령을 넘어 강계에 도착했다. 흠차행렬의 행로를 통보받고 다시 중강진으로 가, 먼저 와 있던 강계, 정주, 태천의 수령들과 합류했다. 흠차행렬이 중강진 대안에 도착하였다는 기별을 받고 압록강을 건너가 위문한 뒤, 그간의 경과를 장계로 보고하고 자산으로 돌아왔다. 국토 북부의 험지 980리 길을 왕복하는 동안 수십 개의 준령을 넘고 열다섯 개의 나루를 건넜으며 수많은 잔도棧道를 건넜다. 평생 처음 겪은 이 험난한 여정을 응와는 『석주기행石州記行』으로 남겼다. 그동안의 사정과 당시 변경의 상황 및 흠차행렬의 접대 내용 등이 상세히 기록되어 있어 사료적 가치가 있다.

자산에서 응와는 주로 무비의 확충과 유풍儒風의 진작에 힘을 쏟았다. 자산은 자모산성이 십여 리에 걸쳐 있는 북방의 요충지였으나, 백여 년의 평화기를 거치는 동안 폐단이 생겨나고 있었다. 산성을 중수하고 군대를 점검하여 방어 요충지로서의 면모를 되살리기에 주력했다. 각 면의 훈장과 풍헌에게 첩문을 내려 유풍의 진작을 도모하였고, 퇴락한 향교의 재사를 중건하고 손수 절목을 만들어 인재를 교육했다. 57세 여름에 사직하고 고향으로 돌아왔다. 응와가 자산을 떠난 뒤, 자산의 선비들이 홍학비를 세웠다. "서도에 학문이 일어나니, 스승이 남으로부터 오시었네"(興學于西, 師道自南)라고 새겼다. 재임기간은 21개월이었다.

58세 봄, 응와는 숙원이던 금강산 유람을 떠난다. 자연을 사랑하는 천성 탓이기도 하지만, 강릉부사 당시에 지척에 두고도 올라 보지 못한 안타까움 때문이기도 했다. 4월 보름에 출발하여, 선산, 하회를 거쳐 죽령을 넘었다. 단양의 구담과 도담을 구경하고 제천에 도착하였을 때, 뜻밖에 경주부윤 임명 소식을 들었다.

경주부윤은 종2품으로 관찰사와 품계가 같았다. 관리가 2품직에 오르면 조상에게 증직이 내려진다. 임명소식을 듣고도 원주까지 올라가며 고민하였으나 선조에게 미치는 영광을 뿌리칠 수 없었다. 원주에서 발길을 돌렸다. 이때 그가 지은 시를 보면 그리 즐겁지 않았던 듯하다.

자나 깨나 금강산 삼십 년인데	寤寐名山三十秋
이번 길 겨우 와서 원주에 이르렀네.	今行才得到原州
늘그막의 벼슬길 참소원 아니거니	衰年吏役非眞願
얼굴 가득 누런 먼지 가는 길 서글퍼라.	撲面黃塵去路愁

경주는 고을의 규모가 큰 만큼 정무도 번잡하였지만 고향 성주와 인접해 있기 때문에 지인과 인척이 많았다. 이러한 관계로 더욱 정무에 공정을 기하고자 노력하였고, 세금을 탕감하고 환곡을 고르게 하여 위민에 힘썼다.

이듬해(59세) 4월에 갑자기 이조에서 치대置對하라는 통보가 왔다. 치대는 어떤 사안에 대해 관청에 출두하여 사실심문을 받는 일이다. 이에 앞서 경상좌도 암행어사 김세호金世鎬(1806~1884)가 경주부를 다녀간 뒤, 조정에 '나약하고 자잘하다'(軟異瑣屑)는 명목으로 응와를 탄핵했다. 임무를 감당할 능력이 부족하고 자질구레한 비방이 있다는 말이다.

이조는 김세호의 탄핵을 임금께 아뢰고 응와에게 치대의 명을 내린 것이다. 이 사실을 응와의 연보는 다음과 같이 기록하였다.

경주부는 평소 다스리기 어렵다고 소문이 나 있었으며 역내에 지인과 인척이 많았다. 선생은 더욱 조심하여 세금을 감하고 환곡을 고르게 하였으니 혜택이 일반 백성에게 미쳤으며 토호들은 감히 사사로운 청탁을 할 수 없었다. 암행어사 김세호는 선생에게 사사로운 감정이 있었다. 도착하여 재물을 긁어모으려 했지만 소득이 없었으나 선생과 만나서는 즐거운 체하였다. 떠날 즈음에 수행원이 사사로운 뇌물을 요구하자 선생이 이치를 들어 거절하였더니 김세호가 드디어 '연손쇄설軟巽瑣屑'로 무고하였다.

응와의 연보는 그의 종증손 기원基元의 손에서 편찬된 만큼 응와를 변호하는 입장에서 쓰였을 개연성이 있다. 아마 집안에 전해 오는 이야기를 기록하였을 것이다. 그러나 김세호가 재물을 좋아한 것은 사실로 보인다. 김세호는 고종 6년(1869) 8월부터 고종 11년 2월까지 4년 6개월 동안 경상도관찰사로 재직했다. 그가 체직된 후, 이곳을 암행한 어사 박정양朴定陽(1841~1904)이 재직 시의 탐장貪贓을 서면으로 보고했다. 이를 읽어 본 고종이 "전전 감사 김세호의 탐장이 이처럼 낭자하니 어찌 한 지역을 맡기고 기탁한 본래의 뜻이겠는가!"라고 개탄하였다. 『승정원일기』에 실려 있는 기록이다. 『고종실록』은 이로 인해 김세호가 삼천리 정배의 형을 받고 평안도 중화로 압송된 사실을 실어 두었다.

'연손쇄설軟巽瑣屑'이란 죄목도 몹시 추상적이다. 김세호는 암행의 결과를 보고하면서 응와와 함께 전현직 수령 17인을 탄핵하였다. 대부분 구체적인 부정의 정상을 언급하였고, '연손쇄설'처럼 모호한 내용은 없다. 아마 업무상의 부정을 발견할 수가 없어 만든 구실일 것이다. 이 문제에 대해 응와 자신의 이야기를 들어 보자.

암행어사가 오히려 '나약함'(軟愞)으로 명목을 삼아 아뢰어 경술 3월에 치대 파직되었다. 평생 기질이 지나치게 강강하여 이를 다스리는 데 몹시 힘을 쏟아, 매양 두루 편하게 참고 넘기는 것을 일로 삼았었다. 팽선속습烹鮮束濕에 비와 이슬이 너무 심하구나.(『凝窩續集』,「自敍」)

'생선을 삶는다'(烹鮮)는 것은, "큰 나라를 다스리는 것은 마치 작은 생선을 삶는 것처럼 해야 한다"(治大國, 若烹小鮮)라는 『노자』의 말을 빌린 것이다. 작은 생선을 삶을 때 고기가 부서지지 않도록 주의하듯이 조심조심 정치를 해야 한다는 말이다. '젖은 것을 묶는다'(束濕)는 것은 젖은 나뭇단을 마르기도 전에 묶는다는 뜻이니, 정령政令이 화급하고 가혹한 것을 이르는 말이다. 조심조심 다스리며 나뭇단이 마르기를 기다렸는데 비와 이슬이 심하여 마를 겨를이 없다는 탄식이다. 응와의 변명이지만 변명이 구차하지 않고, 억울함의 토로이지만 비애가 묻어난다. '응와'라는 호를 지어 가며 자신의 강강하고 조급한 성품을 다스렸던 응와가 아니던가!

치대 후, 혐의는 벗었지만 후임자가 이미 발령을 받은 터에 복직은 불가능하였고, 응와 역시 미련이 없었다. 훌훌 털고 고향으로 돌아오니 59세 여름의 일이다.

4. 돌아옴이 늦었으니

응와는 비록 벼슬길에 나갔으나 늘 돌아가고자 하였다. 군
자감정으로 재직할 때는 머무르던 관사에 '불망귀실不忘歸室'이
란 이름을 붙였다. 돌아갈 것을 잊지 말자는 다짐이다. 언젠가는
그가 사랑하는 자연으로 돌아가 학문과 더불어 생을 마감하리라
는 자신과의 약속이었던 것이다. 제주목사를 그만두고 돌아온
그해에 이미 재목과 기와를 마련해 두었다. 자산부사로 나갔을
때는 그곳에 살던 예서의 명인 소눌小訥 조석신曹錫臣에게 '만귀
정晚歸亭'이라는 편액 글씨도 받아 두었다. 벼슬길에 풍파가 잦았
지만 돌아갈 그날을 생각하며 초연할 수 있었다.

경주부윤을 그만두며 벼슬길의 쓰라림을 맛보고 돌아온 이

정재 류치명이 지은 만귀정 기문

듬해, 응와는 뜻을 이루리라 마음먹었다. 4월에는 금강산을 다녀
와 놀이빚(遊債)도 갚았다. 장소를 물색한 끝에 성주에서 오르는
가야산 한 자락이 흡족했다. 포천布川의 계곡을 따라 아홉 굽이
(九曲)를 돌아들어 사방의 산들이 둘러싼 곳이었다. 떨어져 내리
는 두 갈래 폭포와 지천으로 널려 있는 사시장청한 참대가 좋았
다. 이해 봄에 우선 부속건물 6칸을 마련하고 7월에 본격적인 공
사를 시작했다. 10월에 공사를 마친 뒤 만귀정 편액을 걸고 「귀
거래부歸去來賦」를 지어 돌아온 뜻을 밝혔다. 이때부터 응와는
'만귀산인晩歸山人' 이란 호를 즐겨 사용했다. 돌아옴이 늦었다는
안타까움과 늦었지만 돌아왔다는 기쁨을 함께 갈무리한 호다.

　이듬해(61세) 8월에는 남으로 여행을 떠났다. 현풍, 창녕, 통
영, 진주, 노량진, 금산, 덕산을 두루 둘러본 26일간의 여행에서,
'늦게사 돌아온' 여유를 맘껏 누렸다. 환갑을 맞이하였으니 회포

가 남다르기도 했다. 이해 겨울 정기인사에서 뜻밖에 대사간이 되었다. 그러나 야인으로 돌아온 지금 다시 벼슬길에 나가고 싶지 않았다. 사직소를 급히 꾸며 올리려 할 즈음 재외체직在外遞職의 소식을 듣고 그만두었다.

이듬해(62세) 9월에 익종(효명세자)과 헌종에게 존호를 올리는 의식이 있었다. 두 임금과 인연이 깊었던 응와는 상경하여 하반賀班에 참석했다. 의식이 끝난 뒤 좌승지 겸 상의원부제조에 임명되었고 경연참찬관을 겸하였다. 당시는 철종의 등극 초년으로 신왕을 지척에서 보도할 막중한 책임이 주어진 것이니 사퇴할 수 없었다. 9월 27일부터 10월 18일까지 경연에 나아가 경전의 뜻을 설명하고 백성들의 어려운 생활상을 아뢰며 신왕의 정치를 도우다가 돌아왔다.

이듬해(63세) 겨울에, 내년의 사도세자 탄생 120주년을 기념하여 존호를 올리기 위한 도감이 설치되었다. 사도세자는 돈재, 농서와 특별한 의리가 있었고, 자신의 이름이 아직 조정의 명부에 있어 그냥 있을 수가 없었다. 12월 초에 여장을 꾸려 상경하였는데 대사간에 임명되었다. 이듬해(64세) 정월에 사도세자의 존호를 추상하는 하반에 참석한 뒤 사직소를 올렸더니 다시 좌승지에 임명되었다. 부득이 승정원에서 잠시 근무했다. 4월에 영남의 선배였던 정재定齋 류치명柳致明(1777~1861)이 사도세자의 추숭을 청하는 상소를 올려 조정이 시끄러웠다. 정재가 화를 입을 기미가 보이자 미련 없이 벼슬을 버리고 돌아왔다. 11월에 다시 좌승지에 임명되었으나 나가지 않았다.

이듬해(65세)에 다시 대사간의 직첩이 내려왔으나 역시 나가지 않았다. 10월에 순조대왕 이장 행사에 참석한 뒤 귀향을 준비하던 그에게 가선대부 용양위부호군 겸 오위도총부 부총관의 군직이 내려졌다. 첨서낙점添書落點(추천자 명단에 없는 사람을 왕이 직접 이름을 써 넣어 낙점하는 것)이었다. 정삼품 통정대부에 오른 지 15년 만에 품계도 종이품 가선대부로 한 품계가 올랐다. 즉시 부총관의 직임과 가선대부의 품계를 사퇴하는 상소를 올렸으나 다시 병조참판에 임명되었다. 하는 수 없이 병조에서 잠시 일을 보다가 이듬해(66세) 봄에 돌아왔다. 12월에 다시 좌승지에 임명되었으나 나가지 않았다. 이듬해(67세)에 또 좌승지에 임명되었다.

응와는 대사간과 좌승지를 오가며 60대를 보냈다. 61세의 대사간, 62세의 좌승지, 63세의 대사간, 64세의 좌승지, 65세의 대사간, 66세의 좌승지 임명에 이어 67세에 또 좌승지에 임명된 것이다. 대사간과 좌승지는 동일한 정삼품이다. 인사 때마다 이름은 오르지만 승진은 되지 않는 고단한 벼슬길이었다. 종묘 제사의 헌관으로 차출되어, "사람마다 피하는데 나는 어찌 구하였던가, 직소에 매인 몸이 시름겹구나"(人皆圖免我何求 爲是周廬滯直憂)라고 읊고 있는 것을 보면 응와도 벼슬길에 회의를 느낀 모양이다. 이듬해(68세) 4월까지 약 1년 3개월을 봉직하다 사퇴하고 고향으로 돌아왔다.

환향한 다음 달인 5월에 응와는 서책을 꾸려 만귀정으로 들어갔다. 이때 선유들의 학설을 천착하여 자신의 성리론을 심화하고, 치학 방법과 이단에 대한 견해를 밝힌 「산방우물록山房寓物錄」을 집필했다. 이듬해(69세) 겨울에 순조대왕의 등극 60년을 추념하여 존호를 올리는 하반에 참석하였다가 동지의금부사에 임명되었다.

이듬해(70세) 정월, 치사년致仕年을 맞이하여 자신의 퇴직과, 입재와 대산의 증직을 청하는 상소를 올리고 관구官具를 거두어 돌아왔다. 이즈음 그는 지나간 생애를 회고하며 「자서自敍」를 집필하였다. 생애에 대한 스스로의 평가이다.

> 평생의 지나온 바를 생각해 보건대…… 안팎의 벼슬길에서 드러낼 만한 치적이 한 가지도 없지만, 또한 죄를 얻어 법에 저촉된 적도 없이 요행히 지금에 이르렀다. 이는 하늘의 뜻이지 나의 노력으로 된 것이 아니다. 한 세상을 헛되이 사는 사람이 되지 말자고 스스로 기약하여, 일찍부터 세상살이에 발을 들여놓아 세상의 속된 흐름에 초연하지 못했다. 지금 돌이켜 보면 허물이 더욱 많다. 일찍 학문에 뜻을 두었으나 줄기를 잡아 매진하지 못하였고, 문장에 뜻을 두었으나 힘을 쏟아 세상 사람들을 놀라게 하지 못했다. 몸가짐을 함부로 하지는 않았으나

한결같이 법도를 따르지는 못하였고, 세상에 나아가 구차하게
아부하지는 않았으나 한결같이 고도古道를 따르지도 못했다.
일을 처리함에 원칙은 있었으나 단호하지 못하였고, 올바름을
좋아 청렴하고자 하였으나 완벽하지 못했다. 마음이 독실하지
못하여 호오간에 비방을 면치 못하였고, 헛된 명성이 먼저 퍼
져 후학을 가르친 일은 이름을 판 것에 가깝다. 대체로 평생의
병통의 뿌리가 학문이 독실하지 못하고 지식이 참되지 못함에
있었다. 알면서도 행하지 못하고 행하면서도 힘을 다하지 못
하였으니 결국 군자의 버림을 받고 소인으로 귀착됨을 면키
어렵다.

1864년(고종 1)에 새로 왕위에 오른 어린 임금은 다스림의 방
책을 묻는 조서를 전국에 내렸다. 73세의 응와는 「일본사요소一
本四要疏」를 올렸다. 군주의 마음이 정치의 근본이니 '성실공평誠
實公平' 네 자로 마음을 세울 것을 청하고, 수신修身, 휼민恤民, 용
인用人, 여세勵世가 정치의 요점임을 밝혔다. 이 상소는 흥선대원
군의 주목을 받았다. "진술한 바의 조목들이 모두 근본이 있고
요령을 얻었으니 마땅히 유념하겠다. 향약을 다시 부활하고 삭
강과 경학으로 인재를 천거하는 제도를 다시 시행하자는 의견들
은 정도를 밝히고 사설을 막기에 모자람이 없으니 참으로 훌륭한
의견이다. 묘당에 보내어 이 일을 처리하도록 하겠다"라는 긴 비

답을 받았다.

3월에 응와의 상소를 검토한 영의정 김좌근金左根이 '일본사요'의 내용을 조정의 정책에 적극 반영할 것과 향약, 삭강, 오가작통의 옛 제도를 전국적으로 부활할 것을 건의했다. 수렴청정하고 있던 조대비는 응와의 고향인 성주에 먼저 이를 실시하여 그 결과를 검토한 뒤 전국에 확산시켜 나가도록 했다. 11월에 철종의 소상에 참여하기 위하여 상경했다가 또 대사간에 임명되었다. 차대次對(매월 여섯 차례 조정의 요인들이 어전에 나아가 주요 정무를 상주하던 일)에 나가 신왕이 학문에 힘쓸 것을 아뢰고, 자신의 연로함을 들어 사퇴를 청했다. 체직되었다가 곧 병조참판에 임명되었다.

이듬해(74세) 정월, 귀향 차비를 하던 응와는 뜻밖에 중비中批(추천에 의하지 않고 임금이 직접 관리를 임명하던 일)에 의하여 자헌대부 한성판윤 겸 오위도총부도총관에 임명되었다. 한성판윤은 정이품으로 육조의 판서 및 좌우참찬과 함께 구경九卿의 일원이었다. 늙어서 직무를 감당할 수 없음을 들어 사직소를 올렸으나, "경은 사양하지 말고 직무를 수행하라"라는 비답을 받았다.

2월에는 용양위대호군 겸 지의금부사 지춘추관사가 되고 기로소耆老所에 들어갔다. 기로소는 정이품 이상의 관리 가운데 70세 이상 된 자를 예우하기 위해 설치한 관청이다. 임금도 연로하면 여기에 참여하기 때문에 관청의 서열로는 으뜸이었다. 여기에 들어가면 도화서의 화공이 두 본의 영정을 그려 한 본은 기로

도화서에서 그린 응와 74세 때의 영정

소의 영수각靈壽閣에 비치하고 한 본은 당자의 사가로 보내었다. 현존하는 응와의 영정은 이때 그려진 것이다. 이즈음 부인의 부음을 듣고 직책을 모두 사퇴한 뒤 고향으로 돌아왔다.

이듬해(고종 3, 1866) 9월에 병인양요가 일어났다. 대원군의 천주교 신부 처형을 구실로 7척의 프랑스 함대가 강화도를 점령했고, 조정은 의병소모령을 내렸다. 응와는 고향에서 이 소식을 듣고, 향내에 통문을 돌려 의병을 모집했다. 직접 의병을 이끌고 상경하려 할 즈음, 프랑스군의 퇴각 소식을 듣고 거사를 멈추었다.

12월에 조정은 75세의 응와를 공조판서에 임명했다. 공조판서의 직책은 경복궁 중건 때문에 잠시도 비워 둘 수 없었고, 고향에 있던 응와는 즉시 취임할 상황이 아니었다. 사직소를 준비하고 있을 때 재외체직의 소식을 들었다. 경복궁 중건으로 비중이 강화되어 있던 시기에, 그의 재능과 인망을 높이 평가한 인사였을 것이다. 78세에는 회방回榜을 맞아 정헌대부에 승차하였다. 과거에 급제하고 60년이 지나면 규정에 따라 품계가 한 등급 올라가기 때문이다. 80세 정월에는 다시 종일품 숭정대부에 올라 용양위상호군 겸 판의금부사에 승진하였으나 취임하지 않았다.

이해(고종 8, 1871) 8월 2일 고향에서 세상을 뜨자, 부음을 들은 조정은 3일 동안 조회를 폐하고 애도하였다. 12월에 고을 남쪽 명계산에 안장하니 장지에 모인 자가 1,000여 명이었다. 후일 적산赤山으로 이장하였다가, 1913년에 합천 숭산리 매화산의 부인 묘소로 다시 이장했다.

5. 추억하는 사람들

떠난 사람을 추억하고 기리는 일은 남은 자들의 몫이다. 대
제학 조성교趙性教(1818~1876)가 시장諡狀을 짓고, 조정은 '정헌定
憲'의 시호를 내렸다. "순정한 품행이 법도에 어긋나지 않음을
'정定'이라 하고, 선을 행하여 모범이 되는 것을 '헌憲'이라 한
다"(純行不爽曰定, 行善可紀曰憲)라는 시법에 따른 것이었다.

임금은 예조좌랑 최석규崔奭奎를 예관으로 보내어 가묘에 제
사를 드렸다. 이때 임금의 제문은 다음과 같다. 응와의 생애가 잘
정리되어 있다.

광서 칠 년(1881) 오월 초사일 을축에 국왕은 예조좌랑 최석규

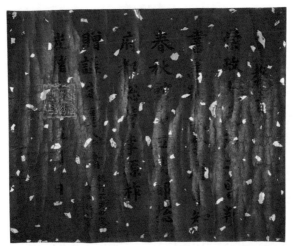

금박을 입힌 응와의 시호 교지

를 보내어 상호군 정헌공 이원조의 영령에게 제사를 드리노라.

영남의 법도 있는 유가, 북비의 가법이 전하는 곳.

어진 아버지 조정에 나와, 나라 빛내기 기다렸도다.

정조께서 『주서백선』 주어, 두터운 은혜 보이셨도다.

그 자취 경卿이 이어, 일찍이 조정에 나왔도다.

자질은 정밀하고 총명하며, 학문에 물들었도다.

벼슬 여가에 스승 찾으니, 상주의 우산愚山이로다.

경학에 근거하니, 겉은 빛나고 안은 넉넉하도다.

서연書筵에서 시강하며, 아름다운 계책을 펼쳤도다.

실록청에서 붓을 잡고, 간관의 직임을 수행했도다.

나아가 목민관되니, 크고 작은 다섯 고을이로다.

그릇됨 바로잡고, 문옹文翁처럼 유학을 일으켰도다.

물러나 정자 지으니, 평천平泉처럼 그윽한 곳이로다.

학문을 강구하고 예악을 익히니, 고을의 모범이로다.

병조참판 발탁하니, 병을 무릅쓰고 힘을 다했도다.

치사년致仕年에 퇴직하고, 즐거이 강호로 돌아갔도다.

왕업을 이은 처음에, 옛 신하들에게 자문을 구했도다.

「일본사요一本四要」 그 상소, 조리가 분명하였도다.

두터운 비답에 높이 발탁하니, 조정이 옳다 하였도다.

고향에서 의병을 일으켜, 강화로 가기를 맹세했도다.

나라 걱정 한 생각, 늙어서도 변하지 않았도다.

기로소에 들어가, 이름 새기고 화상을 전하였도다.

회방回榜을 맞이하니, 숭정대부 판의금부사로다.

원로께서 일어나, 어려움을 구해 주기를 바랐도다.

풍운이 아득한데, 가야 할 길 멀도다.

우뚝한 노나라 전각, 이제는 없어졌도다.

봉상시에서 시호를 의논하니, 덕에 맞는 일이로다.

관리 보내 제사 올리니, 살피고 돌아보시라.

영령께서 어둡지 않으시니, 이 맑은 술 흠향하시라.

선비들은 만귀정에 홍학창선비興學倡善碑를 철로 만들어 세웠고, 1908년에는 한개마을 앞에 신도비를 세웠다. 형조판서 허전許傳(1797~1886)이 비문을 짓고 공조판서 조종필趙鍾弼(1840~1915)이 비문을 썼다. 비석머리의 전자篆字는 동부승지 안희원安禧遠(1846~1919)이 썼다.

응와를 잊지 못한 사람들이 지은 만사 100편과 제문 41편이 남아 있다. 제문 몇 편을 추려 그들의 말을 들어 보자.

> 공은 과거로 입신하여 일찍 밝은 시대를 만났다. 30년 동안 내각에서 벼슬하면서 가불가可不可를 보고 진퇴하고, 다섯 고을의 지방관을 역임하면서 기미를 알아 오가니, 마치 구름 사이의 달이 혹 나타났다 다시 사라지는 듯하였고, 상서로운 시대에 봉황이 잠시 나타났다가 곧 숨어 버리는 듯하였다. 나아감은 벼슬을 탐냄이 아니라 도의 떳떳함을 따름이었고, 물러남은 세상을 잊어버림이 아니라 스스로의 절조를 지키고자 함이었다. (「제문(李敦禹)」)

> 옛적에 이 고을, 우리 영남 요지로세. 이강二岡(寒岡과 東岡)이 펼친 풍교, 지금까지 전한다네. 후대로 내려오며, 도가 장차 끊어질 듯. 운수가 돌고 돌아, 밝은 운수 이르렀네. 이에 공이 나시어서, 그 명성 떨치셨네. 하늘 주신 맑은 품성, 금옥 같은 자

쇠를 바위에 심어 세운 흥학창선비

한개마을 앞의 응와 신도비

질이네. 일찍이 나간 벼슬, 뭇 사람들 앞이었네. 다섯 임금 섬
기시고, 원로가 되시었네.(「제문(金箕應)」)

아! 선생이시여! 하늘이 복을 주시어 조정에 높이 서시었으나,
그 벼슬에 마음을 빼앗기지 않으셨도다. 문장은 연허燕許(당나
라 현종 때의 대문장 燕國公 張說과 許國公 蘇頲)의 큰 솜씨였으나,
문장으로 그 학문을 다 말하기는 부족하도다. 진퇴를 도를 따
라 하시고, 덕을 쌓는 일에 마음을 두셨도다.(「제문(李種杞)」)

고금의 학자들은 반드시 체와 용을 겸전하는 것을 귀하게 여
겼습니다. 우리 동방에서 기자箕子가 가르침을 편 이래로 지금
까지 체용을 겸전한 군자들이 많지만, 제가 눈으로 본 바를 가
지고 논하자면 상공과 같은 분은 없으셨습니다.(「제문(柳道
獻)」)

문장은 세상의 모범이 되어 후세에 드리울 만하였으나 하루도
조정에서 제대로 쓰이지 못했고, 효제는 인도仁道를 일으켜 세
상을 교화하기에 족하였으나 지방의 고을에서 펼치는 데 그쳤
습니다. 임금을 사랑하고 백성에게 은혜를 미치고자 하는 뜻
과, 세상을 걱정하고 시대를 안타까워하는 충정과, 국가를 경
륜하여 어려움을 극복하는 능력과, 후생을 감화시키는 덕을

모두 산수금서山水琴書의 즐거움에 붙이고 말았으며, 높은 관
직도 모두 헛된 직함에 스스로를 얽어매는 일일 뿐이었습니
다. 이것이 세도世道를 위해서 제가 안타깝게 생각하는 한 가
지입니다.(「제문(張升遠)」)

아아! 순조 임금 이후로 영남 인사로서 조정에 벼슬한 자가 많
았지만 낙동강 위쪽에는 오직 참판 류정재柳定齋 선생만이 안
무하고 용납하여 담장 안에 선비들이 가득 찼고, 낙동강 아래
쪽에는 오직 공조판서 응와선생만이 경전을 펼치고 도를 강론
하며 예용을 갖추어 감화되어 들어오는 자들이 날로 무리를
이루었습니다.…… 다만 세상에서 선생을 아는 자들이 그 대
강만을 알고 있는 것이 안타깝습니다. 제가 본 바는 세상 사람
들과 다릅니다. 세상에서는 오직 재능과 국량으로 선생을 지
목하지만 제가 생각하기에는 자공子貢의 언변과 염유冉有의
재에 따위는 학문을 실천함에서 발휘된 일부분입니다. 세상에
서는 선생을 오직 한漢나라의 어진 지방관에 비유하지만 제가
생각하기에는 무성武城에서 교화를 펴던 자유子游와 선거仙居
에 펼쳐진 어진 정치(송나라 陳襄이 仙居令이 되어 펼친 儒化)에
비길 만하니 어찌 다만 한나라의 어진 지방관에게만 견주겠습
니까?(「제문(金書林)」)

사람을 응대함에 현우를 가리지 않고 정성을 다하여, 저처럼 못난 사람도 때로 나아가 뵈면 오히려 멀리하지 않으시고 부드러운 기상과 따뜻한 말씀으로 대해 주셨습니다. 공이 어찌 나에게 사사로운 정리가 있어서 그리하셨겠습니까! 실로 성대한 덕으로써 그리하셨던 것입니다.(「제문(李晩啓)」)

혹 서울에서 내려온 사람을 통해 조정의 조치가 하나라도 의義에 맞지 않음이 있음을 들으면, 얼굴에 걱정하는 빛을 띠어 종일 근심하고 밤에도 잠을 이루지 못하셨습니다. 이로써, 나아가서도 걱정하고 물러나서도 걱정하시는 뜻을 대강 볼 수 있었습니다.(「제문(李奭相)」)

6. 글로 남은 말씀들

    응와는 60년을 벼슬길에서 보낸 관료였다. 그러나 그는 언제나 학자이기를 바랐고, 그러므로 공무의 여가에 많은 글을 남겼다.

    『응와집凝窩集』은 목판본 12책 22권이다. 그 당시 간행된 문집들의 상황에 비추어 보면 적은 분량이 아니다. 특히 이 문집은 모든 문집에 있는 부록조차 없다. 부록은 저자의 연보와 행장, 묘갈명과 묘지명, 만사와 제문 등이 실리는 중요한 부분이다. 여기에 실릴 자료들이 모두 있었음에도 불구하고 싣지 않았던 까닭은 아마 경비 때문이었을 것이다. 문집의 저본이 된 필사본 원고가 『호우만고毫宇漫稿』라는 제목으로 종가에 전해 오는데 27책이다.

27책을 추려 12책으로 만들고 부록도 생략한 것이 목판본 『응와집』이다. 분량을 최대한 줄였던 것이다.

　문집의 일반적인 체례에 따른 글을 제외하고, 돋보이는 글은 잡저부에 실려 있는 「산방우물록山房寓物錄」과 「수의록隨意錄」이다. 「산방우물록」은 만년에 만귀정에서 집필한 글인데, 선유들의 학설을 비판적으로 검토하여 자신의 성리론을 심화하고 치학 방법과 이단에 대한 견해들을 밝혔다. 「수의록」은 결성현감에서 물러나 고향에 있던 37세 때의 저술인데, 지방관으로서 목도한 여러 폐단과 당시 정치의 불합리한 일들을 예리하게 지적하였다.

『호우만고』도 유의해야 할 책이다. 1893년에 아들 기상과 영남의 유림들이 문집을 간행하면서 저본으로 삼았으나 지나치게 많이 제외시킨 아쉬움이 있다. 선문選文 과정에서 당시의 기준에 부합하는 글들만을 골랐을 터이지만 오늘날의 기준에서 소중한 자료들이 이 책에는 더러더러 남아 있다.

『성경性經』 4권은 응와 학문의 결정판이며, 그가 성리학자임을 여실하게 보여 주는 저술이다. 미간행 초고로 남아 있지만 글씨가 해정하여 인쇄된 책을 보는 느낌인데, 아마 응와는 이 책의 간행을 기대하고 정서해 두었을 것이다. '성性'은 성리학의 핵심 용어이다. 『맹자』의 성선性善과 『중용』의 '하늘이 주신 성'(天命之謂性)에 근거하여 성리학은 본성의 선함을 의심하지 않았으니, 이 '본성을 회복'(復性)하는 것이 성리학 수양론의 핵심이 된다. 응와의 이 책은 '성'과 관련한 선학들의 '도圖'와 '설說'을 두루 모으고, 자신의 견해도 밝혔다. 이 책 말미의 「후서後敍」에서, 송나라의 진덕수眞德秀가 『심경心經』을 저술한 예에 따라 집필하였음을 밝힌 것을 보면, 응와의 포부가 자못 크다. 『심경』처럼 널리 읽히는 책을 저술하고자 함이었으나, 학계에 제대로 소개되지 못하고 연구도 이루어지지 않고 있음이 안타깝다.

『응와잡록凝窩雜錄』은 국립중앙도서관에 소장되어 있다. 아마 응와가 승지로 근무하면서 남긴 기록일 것이다. 당쟁의 원인부터 사림의 예송禮訟까지 다양한 내용들이 많다. 응와종가에 남아 있는 『정무기사丁戊記事』와 『국조잡록國朝雜錄』, 『난보기략爛報記略』 등도 이런 종류의 글들인데, 응와의 저술인지는 고증이 필요하다. 모두 필사본이다.

『포천지布川誌』, 『포천도지布川圖誌』, 『무이도지武夷圖誌』 등은 응와가 만귀정을 경영하면서 남긴 기록들이다. 『포천지』는 만귀정 관련 시문집이고, 『포천도지』는 만귀정으로 들어가는 골짜기인 포천구곡布川九曲의 모습을 그림으로 그리고 관련 시문을 모아 둔 것이다. 『무이도지』는 조선 구곡九曲들의 원형인 주자의 무이구곡을 상상하여 그림을 그리고 관련 시문을 모아 둔 것이다. 모두 미간행본이다.

『탐라록耽羅錄』, 『탐라지초본耽羅誌草本』, 『탐라관보록耽羅關報錄』, 『탐라계록耽羅啓錄』은 모두 제주도 관련 자료들이다. 『탐라록』은 제주목사 부임의 여정과 제주에 머무르는 동안의 여러 관련 기록 및 시문을 모아 둔 책이고, 『탐라지초본』은 제주 지방지이다. '초본' 이라고 되어 있으나 간행하지 않았기에 초본이며, 간행하였다면 『탐라지』가 되었을 것이다. 제주 3읍의 건치연혁과 산천, 물산, 토속 등 40개 항목으로 나누어 제주의 과거와 현재를 체계적으로 정리했다. 『탐라관보록』은 제주목사 재임기의 관내에서 주고받던 공문서들을 모아 놓은 것이고, 『탐라계록』은 역시 재임기에 조정에 보고한 공문들을 모아 놓은 것이다. 모두 제주사 연구의 소중한 자료들이다.

이상 여러 종의 저술들은 1986년에 『응와전집凝窩全集』으로 간행되었다. 영인본 4책인데, 축소 영인하여 2,700여 페이지에 이르는 방대한 분량이다. 이상의 저술들에서 응와의 말씀 몇 조목을 간추려 소개한다.

> 선비가 벼슬과 녹봉을 사양하는 데는 몇 가지 길이 있다. 만종이나 되는 재상의 녹을 하찮게 여기는 것은 청렴함이며, 기미를 보고 나갔다가 해 지기를 기다리지 않고 돌아옴은 현명함이며, 고상한 뜻을 가지고 임금의 일에 종사하지 않는 것은 고고함이다. 이 세 가지가 비록 길은 다르지만 행동을 절제하는 고통이 따르고 이치를 살피는 지혜가 빼어나야만 가능한 것이니, 평범한 사람이 할 수 있는 바가 아니다.…… 오고 가는 것은 자취이고 오고 가게 하는 것은 마음이다. 마음은 다르면서도 자취가 같다면 명예를 탐하는 것이 되기 쉽고, 자취는 다르면서도 마음은 같다면 도성 한복판도 산림이 될 수 있는 것이다.(「送全社令棄官歸鄕序」)

기호학자는 주로 스스로 터득하는 것을 일삼아 오류가 없을 수 없고, 영남학자는 오로지 답습하는 데 종사하여 전혀 정채로움이 없다. 영남학자들이 답습하기만 하여 실제로 깨닫는 바가 없는 것보다는, 차라리 기호학자들처럼 오류가 있더라도 스스로 터득하여 깨달음이 있는 것이 낫다. 길을 따라가고 전철을 잘 지켜 한결같이 정자, 주자가 남긴 것을 따르더라도, 자세히 살펴보면 공허한 말일 따름이다. 남에게 베풀어도 증세에 따라 처방을 하는 이익이 없고, 나에게 간직해도 심신에 체험되는 효과가 없다.(「集古錄」)

세상에는 하나의 선과 하나의 악만 있다. 그러므로 학문의 길은 다만 이것을 분별하여 착실하게 실천하는 것일 뿐이다. 선이 무엇인지를 아는 것보다 더 큰 지혜가 없고, 선을 지켜 나가는 것보다 더 큰 어짊이 없으며, 선을 실천하는 것보다 더 큰 용기가 없다. 그러므로 천하만사는 선을 따르는 것일 뿐이다. 순임금의 지혜와 안연의 어짊과 자로의 용기가 바로 이것이다.(「集古錄」)

지난날 서울에 있을 때 한 고관에게 대모玳瑁로 만든 갓끈을 빌린 적이 있었다. 그 주인이, "이것은 우리 할아버지께서 중국에 가셨을 때 사 가지고 오신 것입니다. 그때는 세상에 대모 갓끈을 매는 자가 없었으니, 사람들이 모두 사치스럽다고 하므로 부끄러워 감히 매지를 못하였습니다. 요즈음은 대모갓끈을 매더라도 반드시 투명하고 무늬가 있는 것을 쓰는데, 이것은 검고 어두워 사람들이 모두 그 질박함을 비웃으니 또 부끄러워 맬 수가 없기에 멀리하게 되었습니다" 하였다. 내가 웃으며 받았는데, 또한 세태의 변화를 볼 수 있었다.(「隨意錄」)

오늘날 나랏일을 맡은 자들은 오직 눈앞의 일만 처리하며 구차하게 세월 보내기를 계책으로 삼고 있다. 사사로움을 좇아 일을 처리하면서 "부득이하다"라고 하고, 고치기 어려운 폐단이 있으면 "어찌할 도리가 없다"(無奈何) 하니, '부득이不得已', '무내하無奈何' 이 여섯 자야말로 나라를 망치는 말이다. 요즈음 같이 기강이 해이해진 시기에 정령을 시행하는 일은 참으로 어려운 바가 없지 않지만, 위에 있는 자들이 만약 과감한 뜻으로 쇄신하고자 하여 백관들을 독려한다면 천하에 어찌 끝내 고치지 못할 폐단이 있을 것이며, 어찌 참으로 부득이한 일이 있을 수 있겠는가!
예컨대 근래의 일을 가지고 말해 본다면, 과거장에서 불법이 자행되는 폐단이 세상에서 소위 이야기하는 '무내하', '부득이' 가운데 특히 심한 경우이다. 그러나 이를 막으라는 어명이 내려질 때는 분명 실효가 있어, 급제자 명단이 발표되기만 하면 사람들이 모두 공정하다고 생각한다. 이로 미루어 보면 폐단을 고치고 바꾸기가 어렵지 않음을 알 수 있다. 그러나 기회를 놓치게 되는 까닭은 매번 규범을 지키고자 하는 마음이 견고하지 못하고 법의 시행이 엄격하지 못하기 때문이다. 잠깐 시행하다가 곧 그만두게 되면 사람들이 믿지 못하게 되고, 잠깐 금하다가 곧 느슨해지면 사람들이 두려워하지 않게 되는 것이다. 믿지 못하게 되면 관망하던 자들이 뒷날의 기회를 노리게 되고, 두려워하지 않게 되면 시도해 보려는 자들이 그 틈을 비집고 들어오게 되니, 끝내 법이 시행되지 못하고 명령이 확립되지 못하는 것이다. 비록 참된 마음으로 나라를 위하려는 자가 있더라도 좌우에서 잡아당겨 의지하고 믿을 바가 없도록 하니, 참으로 '부득이', '무내하' 한 일이 있는 것이다.(「隨意錄」)

일찍이 기호지방의 재향사족들 가운데 무뢰한 자들이 그들의 축적된 위세를 믿고 끝없는 욕망을 함부로 충족시키는 것을 보았다. 백성 가운데 조금 부유하다고 소문난 자가 있으면 묵은 빚이니 벌금이니 하면서 공공연하게 토색질을 자행하는데, 조금이라도 뜻대로 되지 않으면 잡아다 때리고 구금하여 참혹하기 이를 데 없었다. 필경에는 패가하고 유리걸식하는 지경에 이르러 길거리에서 울부짖고 호소하여도 사람들은 감히 누구의 소행인지를 말할 수 없으며, 수령된 자들도 그들의 이러한 소행을 분해하면서도 법으로 다스리지 못하니, 그 세력을 두려워하기 때문이다. 명색이 사대부라면서 재물과 이익 때문에 백성들을 괴롭히니 이것은 백성의 도적이다. 백성의 도적을 다스리는 데 어찌 신분에 구애받으랴!(「隨意錄」)

나는 시골에서 백성의 삶이 날로 어려워지는 것을 눈으로 보며 자랐다. 옛날에 부유했던 집안들의 태반이 재산을 탕진하게 되니, 가세가 넉넉하던 집안도 이런 지경인데 일반 백성이야 오죽하랴! 땅을 아무리 개간하고 재산을 아무리 늘려 가도 서로 모여 살면서 굶주릴까 애타게 걱정해야 하고, 논밭을 장만하고 집을 마련하여 온갖 일을 다 하며 부지런히 이익을 도모하더라도 생활이 점점 궁핍해지니 어찌된 까닭인가? 이는 다름 아니라 사치의 폐단 때문이다.

나이 많은 노인들에게 들으니, 여름의 모시 적삼과 겨울의 명주 옷, 담비와 쥐 털을 사용한 목도리, 채색 가죽신, 비단 허리띠, 은과 물소뿔로 상감한 장도 등은 시골에서 보기 힘든 것이었다고 하는데 지금은 사람마다 착용하고 있다. 시골 사람이 서울 사람을 흉내 내고 평민이 벼슬아치를 흉내 내고 가난한 자가 부자를 흉내 내고 천한 자가 귀한 자를 흉내 내니 재물이 어찌 궁핍하지 않고 생활이 어찌 어렵지 않을 수 있겠는가.(「隨意錄」)

오늘날 재상과 명사들은 오직 의복과 음식의 화려함만을 추구하며 심지어 칼, 부채, 붓, 벼루 따위도 온통 중국의 수입품을 쓰고 자리, 안석, 장막, 병풍 따위도 모두 유행이 있다. 그 방 안에 들어가 보면 휘황찬란한 것들이 좌우로 벌려 있으나 실용적인 측면에서 보면 오히려 옛날 제품들의 건실하고 우아했던 것만 같지 못하다. 다만 한때의 미관만을 위하여 재산을 낭비하고 본심을 잃어버림을 서로 본받고 있으니 더욱 개탄스럽다.(「隨意錄」)

오늘날 백성들의 생활이 곤궁한 것은 오로지 수령의 탐학으로 말미암은 것이지만 탐학이 단지 수령의 죄만은 아니다. 재상이 사치하는 까닭에 수령에게 뇌물을 요구하지 않을 수 없고, 수령은 재상의 요구 때문에 백성을 착취하지 않을 수 없다. 일년에 한 번 하던 문안인사가 계절마다 하는 문안으로 바뀌고, 계절 문안이 매월 문안으로 바뀌었다. 옛날에는 음식이나 의복으로 하던 문안이 지금은 순전히 돈으로 변하여 약값이라고 명목을 삼는데, 많으면 천 냥이요 적어도 백 냥을 내려가지 않는다. 나라를 이끌어 가는 권세 있는 재상이 한둘이 아니니 수령이 어찌 탐학하지 않을 수 있을 것이며, 백성이 어찌 곤궁하지 않을 수 있겠는가? 만약 이러한 폐단을 바로잡고자 한다면 뇌물을 받는 재상부터 먼저 형벌로 다스리는 것이 사치한 세태를 혁파하여 질박 검소한 풍속으로 되돌리는 발본색원의 방법이 될 것이다.(「隨意錄」)

수령은 백성과 가장 가까운 벼슬아치이기 때문에 특히 사람을 가려서 임명해야 한다. 그러나 조정의 인사권자들이 수령을 파견함에 있어 아무개는 청렴하다거나 아무개는 능력이 있다고 하여 임명하지 않고, 오로지 아무개는 집이 몹시 빈한하다고 하여 임명한다. 수령들도 서로 이야기하기를 어느 고을에 어떤 백성의 어려움이 있다거나 어느 고을에 어떤 잘못된 정치가 있다고는 하지 않고, 어느 고을에 어떤 재화가 생산된다고만 한다. 조정의 신하가 춥고 배고픈 것은 참으로 가련한 일이기는 하지만 수령의 직책을 어찌 오로지 가난함을 구제하기 위해서 이용할 것이며, 어찌 한 사람의 가계만을 위할 수 있겠는가! 습속이 고질이 되어 이러한 것을 이상하게 여기지 않으니 참으로 한심하다.(「隨意錄」)

오늘날 조정에서 사람을 쓰는 데 세 가지 길이 있으니 두려워서 임용하는 경우와 사랑스러워서 임용하는 경우, 가련해서 임용하는 경우이다. 두려운 경우는 권세를 추종함이요, 사랑스러운 경우는 사사로움을 따르는 것이요, 가련한 경우는 책임을 면하려는 것이다. 이 세 가지 길로써 한 나라의 선비들을 대접하려 하니 어찌 벼슬에 적임자를 가려 쓸 수 있겠는가? 10 여 년 전에는 혹 벼슬 없이 영남에서 서울로 올라가는 자가 있으면 뭇 사람들의 비방이 떼를 지어 일어났으나 지금은 보통의 일로 여기게 되었다. 벼슬 없이 성균관의 재사에 머무르는 자가 한둘이 아니니 영남의 풍속이 옛날과 다름이 참으로 개탄스럽다.(「隨意錄」)

7. 잊혀 가는 일화들

큰 인물은 남은 이야기가 많은 법이다. 학문과 벼슬이 우뚝하였던 응와에게 일화가 없을 수 없고, 구전하는 일화들은 세월이 흐르면 사라질 것이다. 그러므로 잊혀 가는 일화들을 잊히기 전에 기록해 둘 필요가 있다. 기록이 전하는 이야기들과 가문에서 전해 오는 몇 가지 일화들을 소개한다.

응와의 생가는 마을에서 제일 높은 곳에 있었는데, 생가의 조부 민검敏儉이 처음 집터를 잡았다. 오늘날의 한주종택이다. 지관이 이곳을 살펴보고 "길이 제사를 받게 될 군자가 대대로 날 것이다" 하였다. 생가의 모친 함양박씨가 일찍이 누런 물체가 창틈으로 나와 홀연히 비늘이 생기더니 길게 하늘로 솟구처 종택을 향해 날아가는 꿈을 꾸었다. 황룡이었다. 꿈의 조짐대로 응와는 백부에게 양자로 나가서 종계宗系를 이었다.

응와는 어려서부터 글재주가 빼어났다. 7세 때 반딧불을 보고 시구를 지었는데, "날아오르면 날개 있는 별이오, 땅에 떨어지면 연기 없는 불이로다"(跳飛有翼星, 落地無煙火) 하였고, 9세에는 솜을 타는 누이를 보고, "나의 누이는 선녀가 아닌데, 한가로이 흰 구름 사이에 앉아 있구나"(我妹非仙女, 閒坐白雲間) 하여 주위를 놀라게 했다.

응와는 성품이 강강하여 문장과 글씨가 남보다 뒤지는 것을 부끄럽게 생각하였다. 일찍이 글씨가 남보다 못하다고 여기고 정신을 한곳으로 모아 폐지 한 조각도 버리지 않고 연습하여 마침내 어린 시절부터 글씨로 이름이 났다. 매양 부형을 대신하여 글을 쓸 때에 붓을 쥐고 단번에 써 내렸는데 사람들이 이를 보배롭게 간직하지 않는 이가 없었다. 12세 때 여름, 안동 하회의 학자 임여재臨汝齋 류규柳逵(1730~1806)가 방문하였다. 임여재가 돌아가는 날, 생부인 함청헌이 하회로 시집간 딸의 집에 편지를 보내려고 두 아들을 불렀다. 매미를 잡고 있던 응와 형제가 불려 왔다. 형은 부르고 아우는 써서 그 자리에서 서

응와의 글씨

찰이 이루어졌다. 소년들의 주머니에서는 매미가 울고 있었
다. 형제의 재주에 임여재가 찬탄해 마지않으면서 드디어 형
원호의 혼사를 청하여 갔다.

종손從孫 승희承熙가 어릴 적에 관청에서 백일장을 연다는 소
식을 듣고 참여하기를 청하였다. 응와가 "지금 책문策問을 시
험할 테니 네가 능히 할 수 있겠느냐?" 하였다. 승희가 곧 제목
을 내기를 청하여 즉시 글을 지어 올렸다. 응와가 살펴본 뒤 웃

으면서 허락하기를, "나와 네 아비는 10세 전에 글을 지었는데, 네 나이 13세에 비로소 글을 지으니 네 아들은 14~15세에 글을 지을 수 있겠구나!" 하였다. 이 일화로 미루어 보면 응와는 10세 이전에 이미 글을 지었음을 알 수 있다.

응와가 18세에 과거에 응시하려 할 즈음 병을 얻어 수척하였다. 부친이 이를 걱정하자, 호서湖西의 길손 가운데 관상을 볼 줄 아는 이가 좌석에 있다가 말하기를, "걱정할 것 없습니다. 이 사람은 작록爵祿이 장차 한 나라에 떨칠 것입니다" 하였다. 응와가 길을 떠나 청주 작천鵲川의 주막에 이르러 잠을 자다가, 꿈속에서 한곳에 이르렀다. 선관仙官 두 명이 과방을 의논하고 있었다. 한 선관이 탄식하면서 이르기를, "성주의 이원조가 이번에 반드시 급제할 것이지만 다만 오늘밤에 호랑이 밥이 될 것이니 이를 어쩌랴?" 하였다. 다른 선관이 "한 나라의 재상을 호랑이에게 잡아먹히게 할 수 있겠는가?" 하고 드디어 포수에게 명하여 호랑이를 잡게 했다. 응와가 포성에 놀라 잠을 깨니, 한 포수가 횃불을 들고 방으로 들어오면서 성주의 이원조를 찾는 것이 매우 급하였다. 응와가 놀라 물으니, 그가 대답하기를 "저는 이 집에서 몇 마장 밖에 사는데 꿈속에서 한 고을에 들어갔더니 호랑이를 잡고 성주의 이원조를 구하라는 분부가 있었습니다. 꿈을 깨고는 반신반의하여 다시 잠들었는데 잠결에 무엇엔가 얻어맞고 놀라 일어나 총을 가지고 오니 과연 호랑이가 문 앞에 있기에 이를 쏘아 죽였습니다" 하였다. 문을 열고 보니 집채만한 호랑이가 쓰러져 있었다.

이보다 앞서 고성에 사는 술사 백구용白九容이 집에 있는데, 늙은 중이 이르러서 "배가 매우 고픈데 청주의 작천으로 가는 것이 좋겠는가?" 하였다. 백구용이 "불가하다. 그대는 반드시 죽을 것이다"라고 하였으나, 늙은 중은 듣지 않고 이날 밤에 작천에 이르렀다가 포군에게 죽음을 당하였다. 제자들이 괴이하게 여겼는데, 구용이 이르기를 "이는 호랑이가 중으로 변했던 것이다" 하였다. 이 이야기는 『대동기문大東奇聞』에 실려 있다.

후일 좌의정을 지낸 이존수李存秀가 옹와의 20대 초반에 경상도관찰사로 부임하였다. 그가 감영에서 간행한 서적 수백 권을 보내 주면서 이르기를, "이 사람은 장차 나라에서 크게 쓸 인재이니 오직 책이 이 사람의 지혜를 더할 것이다. 내가 나라를 위하여 어진 이를 양성하고자 한다" 하였다.

옹와가 35세 때 결성현감이 되었다. 부임하는 날 임금을 상징하는 전패殿牌를 배알하였다. 마침 비가 세차게 내리고 있었는데, 전패를 모신 집이 헐어서 기울어지고 있었다. 돌아와 잠자리에 들었던 웅와가 갑자기 일어나 공인을 불러 감실을 만들게 하고, 비를 무릅쓰면서 전패를 향사당鄕射堂으로 옮기게 했다. 군관과 아전들이, 감영에 알리지 않고 전패를 옮기는 것은 옳지 않다고 하였으나 화급히 재촉하여 무사히 옮겼다. 전패를 향사당에 안치하는 순간 우레가 치면서 전패를 모셨던 집이 무너지자, 사람들이 모두 그 선견지명을 놀랍고 기이하게 여겼다.

웅와가 42세 때 4종(10촌) 아우 원규源奎가 세상을 떠났다. 원규의 아내가 남편의 유명으로 양자를 청하여, 셋째 아들 구상龜相을 양자로 보냈다. 비록 친척이기는 하나 이 집은 본디 선대부터 노론을 색목으로 하여 내왕이 없던 처지였다. 웅와는 깊은 생각 끝에 색목을 무시하고 친속 간의 천륜을 회복하고자 허락한 것이다. 당시 남인과 노론의 당색이 엄연하였고, 특히 남인인 까닭으로 소년등과의 영예에도 불구하고 관로가 순탄치 않았던 웅와의 경우에 비추어 무척 힘든 결정이었을 것이다. 웅와가 원규에게 지은 제문에서 말하기를, "인륜은 하늘에서 정하고 추사趨舍(나아감과 물러섬. 여기서는 두 집안이 각각 노론과 남인으로 갈리었음을 말함)는 사람에게 달렸으니, 사람은 이미 하늘을 어길 수 없고 하늘 또한 사람을 멀리할 수 없다. 그대는 이미 그대가 원하는 것을 얻었고, 나 또한 나의 견해를 펼쳤으니, 유명幽明의 사이에서 거의 서로 저버리지 않은 것이다" 하였다. 이는 색목이나 유림의 시비에 일절 관여하지 않았던 웅와의 풍도를 엿보게 하는 일화이다. 구상은 후일 문과정시에 장원으로 급제하여 홍문관교리를 지냈다.

웅와가 제주목사를 재임하던 시기에 있었던 일이다. 어느 날 관속들을 데리고 민정을 살피러 나갔는데, 여인의 통곡소리가 들려왔다. 사연을 알아보니 갑자기 난 불로 남편이 타 죽은 아낙의 울음소리였다. 울음소리를 듣고 있던 웅와는 갑자기 남편의 시신을 가져오게 하여 입을 벌려 보게 하고는 여인을 문초하였는데, 과연 여인이 간부와 짜고 남편을 살해한 것이었다. 웅와는 울음소리에 가식이 있음을 간파하고 시신의 입을 열어 보았던바, 입안이 깨끗하여 불타기 전에 이미 죽었음을 밝힌 것이다.

웅와가 기로소에 들고 난 만년의 어느 해, 조정의 신년하례에 참석하고 난 뒤 연회에 참석하였다. 문무대신들이 순서대로 신년의 포부들을 이야기하는데, 유독 웅와만이 침묵을 지키고 있었다. 순번이 끝나고 나서 좌중이 다시 웅와에게 포부를 말씀하기를 재촉했다. 웅와는 어렵사리 입을 열어, "올해에는 나도 노론이 한번 되어 보았으면 좋겠소" 하니 좌중이 숙연해졌

다. 노론집권기에 남인 인사로서 겪었던 벼슬길의 험난함에 대
한 표백이었을 것이다. 출중한 재능과 학문을 가지고도 불우한
벼슬길을 걸었던 응와의 인고를 짐작하게 하는 일화이다.

제4장 독서종자는 가업이 되고

1. 아들과 조카들

응와에게는 정상, 기상, 구상의 세 아들과 진상, 운상의 두 조카가 있었다. 조카는 형님 원호의 아들들이다. '독서종자'의 염원이 가업으로 전해져, 이들은 모두 학문과 덕행으로 이름이 드러났다. 특히 호가 한주인 진상은 응와의 학문적 계승자라 할 수 있다. 성주 지방지인 『성산지』에 기록된 내용과 기타 전기류 자료들을 참고하여 그들의 행적을 살펴본다.

이정상李鼎相(1808~1869)은 자가 치응穉凝이고, 호는 없다. 아마 부친 응와보다 앞서 작고하였으니 호를 쓸 기회가 없었을 것이다. 28세에 사마시에 급제하여 생원이 되었고, 53세에 장릉참봉에 되었으며, 감조관監造官과 부사과副司果를 지냈다. 어려서부터 용모가 단정하고 재주가 민첩하였으며, 자라서는 문사文詞가 저절로 규모를 갖추었다. 평생 바깥의 명리에 마음을 바꾸지 않았으며, 부모에게 효도하고 형제에게 우애하며 후진을 가르치고 서책을 즐기며 검소하고 어리석음을 지키는 것을 분수로 여겼다. 부친 응와가 제주에 부임할 때 곁에서 모셨는데 바다에서 폭풍을 만나자 배 안의 사람들이 모두 실색하였다. 그는 흔들리는 배 안에서 혼자 무릎을 모으고 단정히 앉아 해신에게 올리는 제문을 썼는데 한 글자도 틀리지 않았다. 1862년 진주에서 민란이 일어나 삼남으로 확산되었다. 성주에서도 고을 사람들이 응와가 한번 나와서 폐단을 바로잡아 주기를 원하여 불꽃같은 기세가 매우 사나웠다. 정상이 곧 부친께 여쭈고 대신 가서 마침내 그들을 안정시키니, 그의 태도가 굳건하고 확실하며 일을 처리함이 분명하고 발랐기 때문이다. 그가 작고하여 장사를 지낼 때 고을 사람들이 마련한 제수가 길옆에 즐비하였고, 통곡하는 사람들의 수를 헤아릴 수 없었다. 부친 응와에게 가려진 삶이었으나 곳곳에서 응와를 보필한 훌륭한 아들이었다.

이기상李驥相(1826~1903)은 자가 치천穉千, 호가 민와敏窩이니, 응와가 '말은 어눌하되 행동은 민첩하라'(訥言敏行)는 글을 써서 준 바에서 호를 취하였다. 30세에 사마시에 장원하여 생원이 되었다. 음직으로 현륭원참봉이 되었으며 통례원인의로 승진하였다. 가정의 가르침에 젖어 잠심하여 애써 배웠는데, 늙어서 더욱 독실하였다. 항상 심의와 넓은 띠를 갖추어 입고 여러 성리서들과 『심경』, 『근사록』을 깊이 탐구하였다. 『주서朱書』를 특히 좋아하여 분류하고 요점을 추려서 『주서류집朱書類輯』이라 이름하였다. 조정이 단발령을 내리자 성주군수가 기상을 먼저 찾아와 회유하고 협박하였으나 의연히 두려워하지 않고, "화를 입어 죽을지언정 본분을 굳게 지키겠다" 하고 준절히 꾸짖었다. 그가 작고하고 상중에 집에 불이 나 『주서류집』을 비롯한 많은 저술들이 소실되었다. 남은 글들을 수습하여 『민와집敏窩集』 3책 6권을 간행했다. 만년에 문장門長으로서 문중의 일을 주관하여 많은 기문記文과 비문을 지었다.

이구상李龜相(1829~1890)은 자가 치등穉登, 호가 포석蒲石이다. 응와의 3자로 태어나 11촌 숙부인 유위당有爲堂 이원규李源奎의 양자가 되었으니 이와 관련한 이야기는 앞의 일화 조에서 설명하였다. 문과정시에 장원으로 급제하여 성균관전적이 되었다. 홍문관에 들어가 부수찬을 거쳐 교리가 되었으며, 사헌부장령으로

포석 이구상의 종가인 교리댁 사랑채

옮겼다. 경연에 차자箚子(간단한 상소문)를 올려 성학聖學을 힘쓰도
록 아뢰어 너그러운 비답을 받았으며, 시사의 폐단을 구제하기
위해 상소를 올렸다. 왕명으로 승정원의 글들을 많이 지어 올렸
는데 여러 번 칭찬을 받았다. 재주가 명민하였으나 스스로 뽐내
지 않았으며 학문은 일상의 요긴함을 추구하였다. 남인 가문에
서 태어나 노론 가문의 먼 촌수에 양자 나가 처신에 어려움이 많
았을 터이지만 생가와 양가에 모두 효우孝友를 다하였다.

이진상李震相(1818~1886)은 자가 여뢰汝雷이고 호는 한주寒洲이
며, 학자들은 포상선생浦上先生, 주상선생洲上先生이라 불렀다. 한
고 원호의 아들이며 응와의 조카이다. 어머니 의성김씨가, 한 노
인이 별 그림을 등에 지고 있는 신령한 짐승을 가리키며 "너희
집 물건이다" 하는 꿈을 꾸고 잉태하였다. 출산에 임박하여 그
노인이 다시 꿈에 나타나 붉은색과 흰색의 큰 붓 두 자루를 주며
"잘 간수하라. 뒷날 쓸 사람이 있을 것이다" 하였다. 어려서 체
질이 허약하여 병이 많았는데 운명에 밝은 자가 보고는 "벼슬은
미관微官으로 그칠 것이지만 업적은 천추에 드리울 것이다" 하였
다. 7세에 『사략史略』을 읽는 것으로 시작하여 13세에 여러 경서
에 모두 통하고 제자백가를 두루 읽어 학자로서의 소양을 고루
갖추었다.

17세 때 숙부 응와가 훈계하기를, "선비가 되어서 의리의 본
령을 모르면 선비라는 이름을 저버리는 것이다. 너는 궁리하고
연구하기를 잘하는 재주가 있으면서 어찌 성리의 학문에 힘쓰지
않는가?" 하였다. 놀라 깨닫고 발분하여 『성리대전性理大全』을 밤
낮으로 반복해 읽으며 체인하기를 그치지 않았다. 32세에 사마
시에 급제하여 생원이 되었다. 44세에 「심즉리설心卽理說」을 세상
에 발표하였다. 한때 조선의 유림을 뒤흔든 학설인바, 뒤에서 살
펴보기로 한다.

1862년에 삼남의 여러 고을에서 백성들의 소요가 있었다.

조정에서 삼정청을 설치하여 바로잡을 방도를 조야에 묻자, 이에 응하여 대책을 올렸다. 국가에 삼정三政 이외에 세 가지 더 큰 폐단이 있어 이를 없애지 않으면 삼정이 제대로 될 수 없다는 내용이었다. 당장의 편리함만 추구하고, 공연히 법조문이 까다로우며, 정책의 시행이 공정하지 못한 세 가지 폐단을 지적하였다. 모두 수천 마디의 말이었으나 조정의 회답이 없었다. 이에 시대를 걱정하고 나라를 구하고자 하는 뜻으로, 옛

한주 이진상 영정

날의 제도를 가감하여 당시에 적용할 수 있도록 한 『묘충록畝忠錄』을 저술했다.

1871년에 나라 안의 사묘祠廟와 서원을 철폐하라는 명이 내리자 영남의 유생들이 명을 철회하기를 청하는 상소를 올리고자 하였는데, 장의掌議로 추대되어 상소문을 지었다. 유학을 숭상하고 도를 중히 여기는 것이 다스림의 핵심이고 현자를 높이고 학문을 일으키는 것이 정치의 근본임을 강조하였다. 1884년에 유일遺逸로 천거되어 의금부도사에 제수되었으나 나가지 않았다.

한주 이진상의 강학지 조운헌도재

1886년에 69세로 작고하여 한개마을 동쪽 언덕에 장사를 지내니 장지에 모인 사람이 2,000여 명이었다. 1910년에 문인들이 종택 옆에 조운헌도재祖雲憲陶齋를 세웠다. 한주의 학문이 주자(雲谷)와 퇴계(陶山)를 사숙하였음을 표방한 것이다.

한주는 18세에「성명도설性命圖說」을 시작으로 평생 동안 85 책의 저술을 남겼다. 이 가운데 문집 42권 22책과『리학종요理學綜要』,『사례집요四禮輯要』,『춘추집전春秋集傳』은 먼저 간행되었고, 나머지 저술은 현대에 와서 이미 간행된 저술들과 함께『한주전서寒洲全書』로 합간되었다.

한주는 평생 스승으로 자처하지 않았으나, 한주의 문인록에 이름을 올린 자가 137인이었다. 당시 한주와 함께 영남삼로嶺南三 老라고 불린 서산西山 김흥락金興洛(1827~1899)과 사미헌四未軒 장복 추張福樞(1815~1900)의 문인이 700여 명에 달하는 것과 비교하면 턱 없이 적은 수이지만, 당대의 석학들은 모두 그의 제자가 됨을 자 랑스럽게 여겼다. '심즉리' 의 독창적인 학설로 도산서원의 파문 을 당한 까닭에 그에게 배운 자들조차 문인록에 이름을 올리기 꺼려했지만, 면우俛宇 곽종석郭鍾錫(1846~1919), 회당晦堂 장석영張錫 英(1851~1929) 등의 주문팔현洲門八賢을 비롯한 문인들이 스승의 학 문을 계승하여 빛냈으니, 오늘날 한주학파寒洲學派라는 이름이 있 게 되었다. 이쯤에서 한주의 '심즉리설' 과 이로 인해 야기된 유 림의 갈등상을 살펴보기로 한다. 우선 한주가 주장하는 심즉리 설을 직접 들어 보자.

> 옛사람이 마음에 대해 한 말 가운데 '마음이 곧 리다' (心卽理) 라는 말보다 더 좋은 것이 없고, '마음이 곧 기다' (心卽氣)라는 말보다 나쁜 것이 없다. '마음이 곧 기' 라는 학설은 근세의 유 현(율곡)에게서 나왔는데 유학에 종사하는 자들이 많이 따르고 있다. '마음이 곧 리' 라는 것은 왕양명의 무리들이 미친 듯이 방자하게 떠든 학설이니 우리 유림이 배척하지 않음이 없다.

그런데 이제 이 모든 학설과 상반된 말을 하는 것은 무슨 까닭인가?

형산의 옥이 돌 가운데 감추어져 있었는데 변화卞和가 품고 가서 왕에게 바쳤다. 왕이 옥공을 불러 보였더니 돌이라고 하였다. 조정에 있던 사람들도 모두 돌이라고 여겼고, 어떤 한 사람은 돌을 옥이라고 생각하여 옥이라고 하였다. 이 일로 말미암아 보자면, 유현이 마음을 기라고 생각한 것은 옥공이 돌이라고 한 것과 같고, 세상의 학자들이 이 설을 따르는 것은 조정에 있던 사람들이 모두 돌이라고 여긴 것과 같다. 불교에서 마음을 리라고 여기는 것은 돌을 옥이라고 생각한 사람과 같으니, 마음을 기라고 생각한 것이나 마음을 리라고 생각한 것이나 모두 기만 보고 리를 보지 못한 것은 마찬가지다.

대체로 올바른 본심은 리에 있는 것이지 기에 있는 것이 아니다. 공자의 "마음이 하고자 하는 바를 따르더라도 법도에 어긋나지 않는다"라는 말씀이 바로 마음은 리라는 것이니, 기를 따른다면 어찌 법도에 어긋나지 않을 수가 있겠는가! 『맹자』 7편의 많은 '심心' 자 가운데 기를 지칭하여 말한 것이 없으니, 그러므로 기가 마음을 보존하지 못하도록 하는 것을 걱정하고 기가 마음을 흔드는 것을 근심하였던 것이다. 정이천程伊川은 마음과 성性을 모두 리라고 해석하여 "마음이 곧 성이고, 성은 곧 리다" 하였고, 주자는 '마음이 태극'이라는 말씀을 『역학계

『몽역학계몽易學啓蒙』의 첫머리에 드러내고, 한 번 움직이고 한 번 고요하게 하는 리와 미발未發과 이발已發의 리로써 이에 해당시켰다. 또 '마음이 주재主宰'라고 하였으니 주재라는 것이 바로 이 리이다. '심즉리心卽理' 이 세 글자는 실로 성현들이 서로 전하신 요결인 것이다.

다만 변화卞和는 옥이 돌 속에 있는 것을 단지 옥이라고만 하여 초나라에서 발꿈치가 잘리는 형벌(刖刑)을 받았는데, 그때 만약 "이것은 옥과 돌입니다" 하고 돌을 깨트려 진짜 옥을 꺼내어 바쳤더라면 어찌 형벌을 받았겠는가!…… 마음을 이야기하자면 리를 위주로 하고 기를 위주로 하지 않아야 하니, 내가 '마음이 곧 리다(心卽理)'라는 말보다 더 좋은 것이 없다'고 한 것이 바로 이 때문이다.

성리학이라는 명사가 '성즉리性卽理'에서 유래하였듯이 성이 곧 리라는 것은 정자, 주자로부터 퇴계, 율곡에게 이르기까지 불변의 명제였다. 마음은 성性과 정情을 통섭하는데 정은 선악의 가능성을 함께 가지고 있으므로 순수한 성만 리라는 것이다. 이로 인해 마음을 리기와 관계시키는 이론에 차이가 있게 되어, 퇴계는 '마음은 리와 기의 합체'(心合理氣)라고 하였고, 율곡학파에서는 '마음은 기'(心卽氣)라 하였다. 다시 명나라의 왕양명王陽明은 심心과 성性을 구분하지 않고 심 그 자체가 리에 합치된다고 하여

'심즉리心卽理'라는 명제를 내걸었다. 그는 인간행위의 모든 표준은 마음에 구비되어 있으므로 오직 마음만을 밝히고 여기에서 법칙을 구해야 한다고 주장했다. 이것이 일체유심조一切唯心造를 말하는 불교의 주장과 비슷하여 퇴계의 혹독한 비판을 받았다.

이러한 상황에서 한주가 왕양명의 '심즉리'로 율곡학파의 '심즉기'를 비판하여 논란의 여지가 있게 된 것이다. 그러나 한주의 심즉리와 양명의 심즉리는 내용이 전혀 다른 것이었다. 양명의 주장은 '심'에 초점을 맞춘 이론이고, 한주의 주장은 '리'에 초점을 맞춘 이론이다. 양명은 마음을 떠나서는 사물의 이치도 없고 만물도 있을 수 없다고 하여 '심의 절대성'을 주장하였으나, 한주는 마음에는 리와 기가 같이 있지만 리가 마음의 주재이기 때문에 드러내지 않을 수 없다고 하여 '리의 절대성'을 주장하였다. 한주의 심즉리는 퇴계의 '심합리기'를 주리적 측면에서 더욱 강화하여 리를 절대화한 이론인 것이다. 한주의 비유처럼 형산의 박옥을 빌려 말하자면 '심즉기'는 겉의 돌만 보고 안의 옥을 보지 못한 이론이고, '심합리기'는 돌과 옥이 함께 있는 존재의 현상을 직시한 것이며, '심즉리'는 옥이 박옥의 본래 면목임을 밝힌 것이다. 한주는 이 이론을 자부하여 "내가 차라리 초나라에서 월형刖刑을 받을지언정 옥을 옥이라고 하지 않을 수 없다" 하였다.

한주는 이 이론 때문에 살아서도 핍박을 받았고, 죽어서도 치욕을 겪었다. 살아서의 핍박은 새로운 이론을 내세워 명예를 구한다는 비난에 불과하였으나, 죽어서의 치욕은 도산서원으로부터 파문을 당하고 상주향교에서 문집이 불태워지는 처참한 것이었다. 1897년에 막 간행한 『한주집』 25책을 도산서원에 보냈는데, 도산서원에서 접수를 거부하고 돌려보냈다. 주자와 퇴계의 학설과 어긋난다는 이유였다. 1902년 5월에는 한주의 학설을 이단으로 규정한 통문이 성균관과 전국 유림에게 발송되었으며, 11월에는 도산서원이 통문을 내어 상주향교에서 유림 도회道會를 개최하고 『한주집』 한 질을 불태웠다.

이 일을 주관한 사람은 박해령朴海齡이고 적극 동참한 사람은 이중화李中華, 류만식柳萬植이다. 박해령은 한주의 문인으로, 한주가 죽었을 때 한주가 주자와 퇴계의 학문을 계승하고 발휘했음을 명언한 만사를 바친 인물인데, 이때 이 일을 주동했다. 일제강점기에 중추원참의를 지낸 친일파이기도 하다.

한주 집안에 전해 오는 이야기에 따르면, 당시 박해령은 도산서원 원장의 직임을 약속받고 이 일을 추진하였다고 한다. 도산서원은 퇴계의 우뚝한 두 제자인 학봉 김성일과 서애 류성룡을 각각 지지하는 호파虎派와 병파屛派로 세력이 나뉘어 있었고, 이때 이 일을 추진한 인사들은 모두 병파 측 인사들이었다. 박해령과 이중화는 당시 서애의 서원인 병산서원의 소임을 맡고 있는 병파 측 인물이었고, 류만식은 서애의 후손이다. 이에 앞서 도산

한주종택 사랑채의 주리세가 편액

의 병파 측 인사가 한주에게 도산서원에서 강講을 해 주기를 요
청하면서 병파를 지지하는 언급을 부탁한 일이 있었다. 유림의
시비를 부정적으로 보고 있던 한주가 이를 거절하였는데, 한주의
후손들은 이 일로 인해 참화가 일어난 것으로 추측하고 있다. 한
주의 치욕은 학봉과 서애의 위차位次 문제로 발생한 병호시비屛虎
是非의 여파였던 것이다.

　　도산서원은 세월이 한참 지난 1916년에, "이 일이 도산서원
의 공의公議가 아니라 한두 사람의 손에서 나온 것이기에 그때의
기록들을 모두 회수해 없앴다"는 글을 보내왔다. 한주종택 사랑
채의 '주리세가主理世家' 편액은 심즉리설이 퇴계의 주리론을 극
도로 발전시킨 이론임을 지금도 말 없이 웅변하고 있다.

오늘날 한주는 화서華西 이항로李恒老(1792~1868), 노사蘆沙 기정진奇正鎭(1798~1879)과 함께 근세유학 삼대가로 불리기도 하고, 퇴계, 율곡, 화담, 노사, 녹문 등과 함께 리학理學 육대가로 불리기도 한다. 녹문鹿門은 임성주任聖周(1711~1788)의 호다.

이운상李雲相(1829~1891)은 자가 여림汝霖이며 한주의 아우이다. 호가 담와澹窩인데, 숙부 응와가 "네가 스스로 맑고 담박하게 살고자 하는 것도 하나의 장점이니 바꾸지 말라" 하며 써 준 글에서 취한 것이다. 초시에 여러 차례 합격하였으나 끝내 복시에 실패하자 아깝다는 공론이 있었다. 문장과 학문이 넉넉하고 회포가 정갈하였으며 세상일에 얽매이지 않고 초연하였다. 후진을 지도하여 장려함이 매우 많았다. 신사년(1881)에 영남의 유생들이 척사소斥邪疏를 올릴 때 도청都廳이 되어 그 일을 주관하였다. 사후에 선비들이 계를 만들고 한개마을에 여동서당餘洞書堂을 세워 그를 기렸다. 면우 곽종석이 묘갈명을 지었다.

2. 손자들의 모습, 그리고 대계 이승희

이관희李觀熙(1824~1895)는 자가 희빈羲賓, 호가 포수浦叟이다. 정상鼎相의 외아들이니 응와의 장손이다. 32세에 생원이 되었으며 의금부도사에 제수되었다. 타고난 기질이 너그럽고 두터웠다. 효성과 우애로 집안을 다스렸으며 사람을 좋아하여 베풀기를 잘했다. 부귀한 가문에서 자랐으나 교만하거나 자랑하지 않았다. 사람을 대할 때에는 정성을 다하여 현우賢愚를 가리지 않으니 모두가 그의 덕에 감탄하여 살아 있는 부처(活佛)라고 하였다. 1894년에 동학당이 마을을 약탈하자 몸소 그 소굴에 가서 의로써 무리들을 깨우치니 모두 감복하여 스스로 멈추었다. 평소 학문을 과시하지 않고 법도를 넘지 않아 사림의 본보기가 되었다.

1912년에 찍은 성산사호 사진(앞줄 좌로부터 장석신, 이달희, 이만창, 장석영)

유림에 일이 있을 때마다 맹주가 되었다.

　이달희李達熙(1843~1912)는 자가 공옥孔玉, 호는 규원葵園이며
기상驥相의 맏아들이다. 1894년에 생원시에 장원으로 급제하였
다. 당숙 한주의 문하에서 배웠다. 영리한 자질과 빼어난 기상이
말과 표정에 드러났다. 선조의 아름다운 행실을 드러내는 일에
정성과 힘을 다하였다. 1899년에 나라에서 장조莊祖(사도세자)에게
존호를 올리려 할 때 5대조 돈재의 충의를 드러내어 마침내 포양

襃揚의 왕명을 받았다. 종족과 향당에 대해서는 힘써 도리를 다하였으며 일찍이 남을 원망하거나 탓한 적이 없었다. 수령이 시효가 지난 묵은 세금을 징수하려 하자, 달희가 앞장서 항쟁하여 마침내 명령을 거두어들이게 하였다. 백성들이 그의 덕을 칭송하여 비석을 세우려 하였으나 완강하게 만류했다. 과재果齋 장석신張錫藎(1841~1923), 성암星巖 이만창李萬暢(1846~1921), 회당晦堂 장석영張錫英(1851~1929) 등과 함께 성산사호星山四皓로 불렸다.

이성희李星熙(1861~1908)는 자가 경옥景玉, 호는 추악秋岳으로 기상의 둘째 아들이며 달희의 아우이다. 기상이 헌걸차고 안광이 빛나 사람들이 어렵게 여겼다. 당숙 한주의 문하에서 배우고부터 가다듬어졌으며 효성이 지극하였다. 유림과 종중의 일을 주관하는 바가 많았다. 사람들이 기대하는 바가 컸으나 48세에 작고하여 안타까워했다.

이주희李澍熙(1866~1946)는 자가 덕형德亨, 호는 극와極窩이니 구상의 둘째 아들이다. 연재淵齋 송병선宋秉璿(1836~1905)의 문하에서 배웠다. 효성이 지극하여 모친상에 3년 시묘하였다. 조선이 망하자 흰 옷과 흰 종이갓을 쓰고 거실의 장판을 걷어 낸 다음 거적을 깔고 살면서 집 밖으로 나가지 않았다. 하늘에 해가 없어졌다 하여 눈을 감고 지냈으며, 사람들이 오면 실눈을 뜨고 보았다.

임금이 없어졌음을 상징하여 엄지손가락을 펴지 않았다. 충효를 겸비한 학자라고들 하였다.

이승희李承熙(1847~1916)는 자가 계도啓道이고 호는 대계大溪이다. 젊어서는 강재剛齋라는 호를 썼고, 중국에 망명하여서는 한계韓溪라는 호를 사용하였다. 한주의 외아들이니 응와의 종손자이다. 모친 홍양이씨가 큰 별이 품 안으로 들어오는 꿈을 꾸고 태교를 정결히 실천하여 낳았다. 5세에 배움을 시작하여 매일 백 줄씩 글을 배워 10세가 되자 여러 책들에 두루 통하였다. 부친 한주와 한 방에 거처하며 자주 논변하였는데, 아들의 훌륭한 견해는 아버지가 받아들이고, 아버지의 의견일지라도 아들이 구차하게 동의하지 않으니, 사람들이 송나라의 채원정蔡元定·채침蔡沈 부자父子를 다시 본다고 하였다. 1867년에 흥선대원군에게 글을 올려, 임금이 성군의 덕을 기르시도록 도울 것을 청하고, 아울러 성학聖學, 호적戶籍, 전제田制, 선거選擧, 제병制兵 등 다섯 조목을 아뢰었다. 1873년에 '학문이 뛰어나고 국가를 경영할 인재'로 추천되어 원구단사직서참봉, 장릉참봉, 조경묘참봉 등의 벼슬이 주어졌으나 끝내 나가지 않았다. 을미사변이 일어나고 단발령이 내리자 일본을 규탄하는 포고문을 작성하여 각국 공관에 보냈고, 을사늑약이 체결되자 소수疏首가 되어 유생들과 함께 서울에 올라가 늑약을 파기하고 오적五賊을 목 벨 것을 상소하였다. 대구경

대계 이승희 사진

무서에 체포되어 협박을 받았으나 "선비는 죽일 수는 있어도 욕보일 수는 없다"라고 꾸짖으며 굴하지 않았다.

1908년에 문인 김창숙金昌淑 (1879~1962) 등을 불러 뒷일을 부탁하고 블라디보스토크로 망명하였다. 중국의 밀산부에 황무지를 개간하여 학교를 세우고, 심양을 거쳐 북경에 이르러 중국의 명사들과 공교사孔教社에 모여 회규를 논의하고 학술을 강론하였다. 곡부로 가서 공자의 사당을 알현하고 부친의 유집을 소장토록 하였으며, 주공과 공자, 안자, 자사의 묘에 제사를 드리고 글을 지어 뜻을 고하였다.

세상에 드문 영특한 자질로 법도 있는 집안에 태어나, 거경궁리居敬窮理의 공부에 힘써 성인의 경지도 배워서 도달할 수 있고, 천하를 위한 일도 못할 것이 없다고 여겼다. 집안에 거처할 때는 효도를 다하였고, 나라를 걱정함에는 해를 뚫는 충성을 간직하였으며, 세상을 구제함에는 도가 행해지지 않음을 우려하는 회포를 품었다. 실천한 바는 모두 빛나고 바르며 곧아서 하늘에 있는 해를 보듯이 환하였으며, 용과 범의 용맹처럼 위엄이 있었고, 기린과 봉황의 상서로움처럼 세상을 격동시켰다. 일찍이 말하기를 "나는 나라가 광복이 되어야 돌아갈 것이다. 그렇지 않으면 너희들이 나의 시신을 모셔갈 수는 있겠지만 나의 혼은 돌아가지 않겠다" 하였다.

1916년에 봉천에서 작고하자 선비들이 의논하여 고향 산에 운구해 와 장사를 지내니 이때 모인 자들이 4,000여 인이었다. 그는 아버지의 업적을 드러낸 훌륭한 아들이었고, 아버지를 계승하여 우뚝한 학문을 이룬 학자였다. 유학이 쇠미해 가던 시절에 공자의 깃발을 높이 내건 사상가였으며, 조국 광복을 위해 마음과 몸을 다 바친 독립운동가였다. 건국훈장이 추서되었고, 국사편찬위원회에서는 그의 저술과 그를 애도한 문건 등을 모아 『한계유고韓溪遺稿』를 간행했다.

이상에서 살펴본 인물들의 세계世系를 도시하면 다음과 같다.

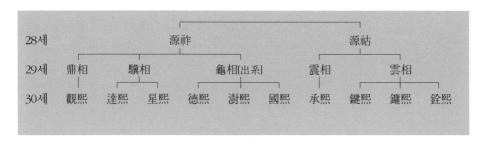

제5장 살아 있는 조상, 웅와

1. 응와의 불천위 확정 과정

    불천위는 4대가 지나도 신주를 매안埋安하지 않고 자손이 있는 한 영원히 받드는 제사를 말한다. 매안은 대수가 다한 신주를 산소 곁에 묻는 일이다. 불천위의 신주를 모시는 사당을 부조묘不祧廟라고 하는데 별도의 사당을 마련하여 모시기도 하고 가묘에 4대의 신주와 함께 모시기도 한다. 응와종가는 후자이다. 불천위는 국가에 세운 공훈이나 벼슬, 학문과 덕행 등 다양한 사항을 종합적으로 고려하여 결정한다. 결정의 주체가 국가이면 국불천國不遷이라 하고, 유림이 공론으로 결정하면 유림불천이 된다. 유림불천의 경우에도 도내의 유림이 모인 경우를 도불천道不遷이라 하고 향내의 유림이 모여 결정하면 향불천鄕不遷이 된다. 이에 비해 공론을 거치지 않고 문중에서 결정한 경우를 사불천私

不遷이라 하는데 격이 떨어진다.

　이렇게 불천위가 되면 조상은 죽어서도 가묘에 신주로 남아 자손들과 영원히 동거하게 된다. 동거하며 희비애환을 함께 겪는다. 집안에 일이 있을 때마다 자손이 고유하여 알려드리기 때문이다. 응와는 근세의 인물이기에 불천위가 된 것이 오래지 않다. 지금의 종손이 응와의 5대손이니 이 종손 대에 불천위가 된 것이다. 조선이 망하였으니 국불천이 될 수 없었고, 도내의 유림이 모여 결정한 도불천이다.

　1951년 10월 25일에 응와의 주손胄孫 이기철李基轍(1869~1951)이 작고하였다. 기철은 달희의 아들이니 응와에게는 증손이 된다. 달희의 아들로 태어나 당숙 관희의 양자로 들어가 종계를 이었다. 기철은 여섯 아들을 두었는데 장자 종석宗錫이 일찍 죽었다. 그러므로 죽은 장자를 위해 후사를 세워 종통을 이어야 했다. 제4자 경석景錫의 아들 수학洙鶴을 종석에게 입후立後하여 종통을 이었는데, 현재의 종손이다. 종손에게 응와는 5대조가 되니 이제 일반적인 예법에 따르면 신주를 매안해야 할 상황이다.

　응와의 신주를 불천위로 모실 것인지 매안을 할 것인지 종중의 논의가 많았을 것이고 아마 종중의 견해는 불천위로 정리가 되었을 것이다. 그러나 문중이 자의로 불천위를 결정하면 사불천이 되어 격이 떨어진다. 조선이 없어졌으니 이를 처리할 예조도 없다. 유림의 의견을 모아야 할 것이다. 1953년 10월에 기철의

삼년상이 끝났다. 11월에 담제禫祭를 지냄으로써 상례의 모든 절차가 끝나고 평상으로 돌아왔다. 이제 길제吉祭를 지내기 전에 종손의 5대조인 응와의 신주를 매안할 것인지를 결정해야 했다.

응와의 종증손 이기원李基元(1885~1982)이 만귀정 당장堂長을 대신하여 통문을 낸다. 기원은 한주의 손자이자 대계의 아들이다. 통문의 내용을 번역하면 다음과 같다.

> 엎드려 생각건대, 응와 이 선생의 부조不祧의 논의가 도내의 유소儒所에서 발의되어 통문이 나간 것이 여러 차례입니다. 이제 그 주손의 상기가 끝나, 내년 정월 4일에 한 차례 회의回議가 없을 수 없기에 이에 통고하오니 여러 군자들께서 하루 전에 왕림하시어 이 일에 힘쓰시기를 천만 바라나이다.

부조不祧는 신주를 옮기지 않는다는 뜻이니 불천위로 받든다는 말이다. 회의回議는 의견을 돌린다는 말이니, 입안한 것을 참석자들에게 차례로 돌려 의견을 묻거나 승인을 구하는 일이다. 이 통문에 의하면 도내의 서원과 당회에서 이미 여러 차례 응와의 불천위 문제를 거론하였다. 이제는 시한이 되어 결정을 해야 하는 것이다. 이 통문은 만귀정 당장을 대신하여 낸 것이니 유림도회의 장소는 만귀정이다. 1954년 1월 4일에 영남 도내의 유림이 만귀정에 모여 사안을 회중에 부쳐 응와의 불천위를 결의했다. 응와의 불천위가 도불천이 된 것이다.

불천위를 결정하고 유림은 석채례釋菜禮를 거행했다. 석채는 제물을 풍성하게 마련하지 않고 채소류를 중심으로 지내는 간이 제사의 뜻이지만, 제물의 격식이 정해져 있다. 석채는 학덕이 높은 스승을 서원에 모시고 향사할 형편이 안 될 때 임시로 지내는 제사이니, 사가의 제사가 아니라 유림의 공적인 제사다. 이때의 고유문은 다음과 같다.

조정에서 정사를 도우시고	黼黻王庭
기로소 반열에 들어가셨네.	耆所之列
유림을 아끼고 보우하시니	屛幪儒林
비석 세워 잊지 못하네.	巖碑之刻
높은 그 공 크신 업적	其功其績
백세토록 잊으리까.	百世可忘
당회 여는 이 자리에	玆因堂會
감히 향기 올리나이다.	敢薦馨香

모든 절차가 끝났다. 이제 응와는 자손들이 올리는 제사를 영원히 흠향하게 된 것이다. 이해 봄에 종가에서는 응와의 신주와 함께 4대의 신주를 모시고 길제를 거행했다. 길제는 종손이 바뀜에 따라 신주를 고쳐 쓰고 지내는 가장 성대한 제사이다.

2. 응와종가 불천위 제례의 특징

1) 응와 불천위 제사의 전반적 특징

응와의 불천위 제일은 음력 8월 2일이다. 원래 당일 축시丑時인 새벽 1시경에 제사를 봉행하였지만 종손이 대구에서 직장생활을 하면서부터 당일 저녁 제사로 바꾸었다. 대체로 저녁 9시경에 제사를 지내는데 이에 맞추어 제수를 장만한다. 제관들은 사정에 따라 오후부터 제사 직전까지 모이며, 응와의 시대가 먼 시대가 아니기 때문에 자손 제관은 그리 많지 않다. 방계의 종족이나 세의世誼에 따른 타성의 제관이 참여하기도 한다. 오후에 제관들이 얼추 모이면 집사분정執事分定을 하는데 소임은 다음과 같다.

숭정대부행공조판서정헌공응와이선생대제시집사

崇政大夫行工曹判書定憲公凝窩李先生大祭時執事

초헌관初獻官

아헌관亞獻官

종헌관終獻官

대축大祝

집례執禮

진설陳設

봉향奉香

봉로奉爐

봉작奉爵

전작奠爵

사준司罇

봉반奉盤

제생諸生

분정이 끝나면 한지에 붓으로 쓴 분정기分定記를 사랑마루에
내거는데, 특징적인 몇몇 소임을 소개해 보기로 한다. 초헌관은
물론 종손이다. 아헌관은 연치와 명망이 있는 내빈이 맡는 것을

집사분정 논의

원칙으로 하고 내빈이 없을 경우에 문중 사람이 맡는다. 종헌관
은 문중의 연장자가 맡는다. 대축은 독축과 유식례의 첨작을 행
하고, 집례는 절차의 전반을 총괄하고 홀기를 창한다. 진설은 2
인을 정하는 것을 원칙으로 하고, 사준은 분정기의 순서상 뒤로
밀려 있지만 삼헌三獻을 모두 침주ᇤ酒하기 때문에 비중 있는 인
물이 맡는다. 침주는 술을 따르는 일이다. 봉반은 문중의 젊은이
들이 맡아서 제수를 나르고, 제생은 제관 가운데 소임은 없으나
나이와 덕망이 있는 자의 이름을 올린다.

응와종가의 제사는 합설合設이다. 남편이나 아내의 제사에 내외분의 신주를 함께 모시고 지내는 제사를 합설이라 하고, 본인의 제사에 본인의 신주만 모시고 지내는 제사를 단설單設이라고 한다. 단설과 합설은 집안에 내려오는 예법에 따라 각기 다른데, 응와종가에서는 합설의 예법을 따르고 있다.

제사를 거행하는 장소는 사랑채 마루다. 일반 기제사는 안채의 마루에서 지내고, 불천위는 사랑마루에서 거행한다. 용어도 독특한데 '제사를 지낸다'고 하지 않고 '제사를 잡숫는다'고 한다. 지낸다는 말의 주어는 살아 있는 사람이고 잡숫는다는 말의 주어는 조상의 혼령이니, 제사는 조상을 위한 일이기 때문에 이렇게 말하는 듯하다. 의식의 진행은 마루의 동편 끝에 선 집례의 창홀唱笏에 따라 이루어진다. 창홀은 집례가 큰소리로 식순인 홀기笏記를 읽는 일을 말한다.

2) 제사 음식(祭羞)의 특징

제수의 많고 적음과 특징적인 면모들은 제사의 권위를 가장 먼저 시각적으로 확인할 수 있는 부분이다. 응와 불천위 제사의 제수는 일반 기제사에 비해서는 풍성하지만 화려하지 않다. 안동권의 불천위 제사에 제상을 두 개씩이나 차리고 올리는 풍성함에 비하면 겸손하고 검소한 기풍이 있다. 앞에서 살펴본 바처럼 응와가 일군 검약한 가풍의 반영인 듯하다. 특징적인 면모들을

진설을 마친 제상

간추려 소개한다.

　먼저, 과일은 땅에서 자라는 것이기 때문에 천양지음天陽地陰
의 원리에 따라 짝수를 쓴다. 응와의 불천위 제사는 조과造菓를
포함하여 대체로 8과를 원칙으로 하고 상황에 따라 가감한다. 일
반의 기제사에는 4과나 6과를 쓴다. 대추와 밤, 잣 등을 둥글게
켜로 쌓아 올린다.

　탕湯은 줄곧 2탕을 써 왔는데, 삶은 무와 다시마 위에 삶은
오징어와 명태를 얹은 어탕과, 삶은 소고기를 얹은 육탕이다. 이

는 일반 기제사와 동일한 것이다. 탕의 그릇 수는 제격祭格과 관련이 있다. 7탕·5탕·3탕·2탕 등을 쓰는데, 국가의 제사에는 7탕을 쓰고 사가私家의 제사에는 5탕이 위격位格이 가장 높지만 이집은 어육의 2탕만 써 왔다.

적은 도적都炙과 어적魚炙, 치적雉炙의 삼적을 쓴다. 도적은 산적과 전을 켜켜이 쌓은 위에 소고기서리목과 돼지고기를 얹어 높이 쌓은 적이다. 어적은 삶은 문어 위에 조기만 두 마리를 올리는데 퇴계나 서애의 불천위 제사에 각종의 생선을 쌓아 올리는 것에 비하면 몹시 검소하다. 치적은 꿩을 쓰는데 요즘은 닭으로 대치하였다. 육지와 바다와 하늘에서 나는 것을 따로 담아 세 차례의 헌작 때 각각 한 가지씩 올린다. 안동권의 불천위에는 혼령이 냄새로 감응한다거나, 혈식군자의 제수라 하여 날것을 쓰는 집이 많지만 이 집은 익힌 것을 올린다.

떡은 편(餠)이라고 하는데 켜 수와 높이는 제격祭格을 가늠하는 잣대이다. 응와 제사의 편은 대두고물편을 비롯한 본편과 송편, 모시송편, 송기송편, 증편, 부편, 잡과편, 경단 등의 잔편을 20켜 내외로 쌓는다. 본편 16켜에 잔편 4켜를 원칙으로 하고 상황에 따라 가감한다.

응와 불천위의 특징적인 제수로는 집장이 있다. 집장은 즙장汁醬이 변한 말로, 반가班家의 전통음식이다. 만드는 과정이 복잡하고 들인 공에 비해 현대인의 입맛에 잘 맞지 않아 점차 사라

져 가고 있는 음식이지만, 맛을 들인 사람은 그 맛을 잊지 못한
다.『한국민족문화대백과사전』에는 "여름에 메주를 쑤어 띄워서
만든 메줏가루를 고운 고춧가루와 함께 찰밥에 버무리되, 무, 가
지, 풋고추 따위를 소금에 절여 장아찌로 박고 항아리에 담아 간
장을 조금 친 뒤 꼭 봉하여 풀두엄 속에 8~9일 동안 묻어서 두엄
썩는 열로 익혀서 먹는 장이다"라고 소개되어 있으나, 이 집의
집장은 제조법이 좀 다르다. 찰밥을 쓰지도 않거니와 익히는 방
법도 다르다. 메줏가루와 무, 가지, 고추, 박, 부추 등의 야채를 엿
으로 버무리고 항아리에 담아 뚜껑을 덮는다. 이 항아리를 왕겨
로 수북이 덮고 왕겨에 불을 붙여 뭉근한 불로 꼬박 하루를 익힌
다. 응와가 생전에 이 음식을 몹시 좋아하였던 까닭으로 제사에
빠뜨리지 않는다.

이 밖에도 각종의 제물이 있지만 이상에서 제수의 특징적인
면모만 살펴보았다.

3) 제사의 절차와 그 특징

응와의 불천위 제사는 제관들이 의관을 정제하고 참석하는
당일 오후의 집사분정부터가 절차의 시작이다. 분정이 끝나고
분정기가 내걸리면 축문을 작성하고 제구祭具들을 점검한다. 제
물의 진설은 1차 진설인 설소과設蔬果와 2차 진설인 진찬進饌으로

나누어진다. 과일과 나물을 올리는 1차 진설이 끝나면 신주를 사
당에서 모셔 오는데, 이를 출주出主라고 한다. 출주 시에는 기일
을 맞이하여 신주를 대청으로 모신다는 내용의 고유문을 대축이
읽는다. 신주를 모셔와 교의에 안치한 뒤, 신주의 뚜껑을 열고 주
독을 씌운 도자韜藉를 벗긴다.

신주에는 응와의 직함이 다음과 같이 적혀 있다.

현오대조고승정대부행공조판서겸판의금부사지춘추관사오위
도총부도총관증시정헌공부군신주
顯五代祖考崇政大夫行工曹判書兼判義禁府事知春秋館事五衛
都摠府都摠管贈諡定憲公府君神主

모두 42자이다. 신주는 반드시 한 줄에 다 적어야 하기 때문
에 글씨가 자잘하다. 합설이기 때문에 부인의 신주도 함께 모시
는데 다음과 같이 적혀 있다.

현오대조비정경부인풍양조씨신주
顯五代祖妣貞敬夫人豊壤趙氏神主

두 신주의 왼쪽 아래에는 '오대손수학봉사五代孫洙鶴奉祀'의
방제旁題를 적어 '수학洙鶴'이라는 종손의 이름을 밝혔다.
신주를 모신 뒤의 절차는 대략 다음과 같다.

- 강신降神: 제주인 종손이 분향과 뇌주酹酒로써 혼백을 부르는
  절차이다. 분향은 세 번 향을 올리는 절차인데 하늘의 혼魂을
  부르는 의식이고, 뇌주는 술을 세 번 나누어 모사에 붓는 절
  차인데 땅의 백魄을 부르는 의식이다. 제주는 분향과 뇌주가
  끝날 때마다 각각 두 번 절한다.

초헌례를 위해 부복하고 있는 종손

- 참신參神: 참례하는 모든 제관들이 두 번 절하여 신주에 인사
  를 올리는 절차이다.
- 진찬進饌: 2차 진설이다. 편과 면麵, 어탕과 육탕, 메(밥)와 갱
  (국) 등 적炙을 제외한 모든 제물을 올린다. 더운 음식의 온기
  를 보존하기 위해 시차를 두고 올린다고 한다.
- 초헌初獻: 초헌관이 술잔을 올리는 절차이다. 초헌관인 종손
  이 제상 앞에 꿇어앉으면 사준이 술을 따라 집사에게 건네어
  신주 앞에 올린다. 고위考位와 비위妣位에 각각 올리니 두 잔

이다. 집사는 도적을 올린다.

- 독축讀祝: 대축이 축문을 읽는 절차이다. 초헌관이 술잔을 올리고 부복해 있으면 축관이 초헌관의 왼편에 꿇어앉아 축문을 읽는다. 축문은 돌아가신 날을 맞이하여 사모하는 마음을 이기지 못해 맑은 술과 여러 음식들을 차려 올리니 흠향하시라는 내용이다. 종손은 두 번 절하고 뒤로 물러난다.

- 아헌亞獻: 아헌관이 술잔을 올리는 절차이다. 집사가 초헌관이 올린 술잔을 퇴주하고 아헌관에게 건네면, 사준이 술을 따라 신주 앞에 올린다. 역시 두 잔이다. 집사가 어적을 올린다.

- 종헌終獻: 종헌관이 술잔을 올리는 절차이다. 집사가 아헌관이 올린 술잔을 퇴주하고 종헌관에게 건네면 사준이 술을 따른다. 헌관은 술잔을 조금씩 세 번 나누어 퇴줏그릇에 더는 삼제작三除爵을 하고, 남은 술을 신주 앞에 올린다. 역시 두 잔이다. 집사가 치적을 올리고, 메 뚜껑을 열고 메에 숟가락을 수직으로 꼽는 삽시揷匙와 젓가락을 정돈하는 정저正箸를 한다.

- 유식侑食: 이상의 삼헌三獻이 끝나고 음식을 드시기를 권하는 절차이다. 대축이 제상 앞에 부복하면 집사가 메 뚜껑을 건네고 사준이 적당하게 술을 따른다. 집사는 이것을 받아 고위와 비위의 제작除爵한 잔에 나누어 채운다.

- 합문闔門: 병풍으로 제상을 가려 음식을 드시게 하는 절차이

다. 이때 모든 제관들은 병풍 앞에 부복한다. 대체로 아홉 순
갈을 드실 때쯤을 기다렸다가 축관이 헛기침을 세 번 하고 가
렸던 병풍을 걷는다. 이 절차를 계문啓門이라 한다.

- 진다進茶: 국그릇을 숭늉으로 교체하는 절차이다. 이때 메에
꽂았던 숟가락을 뽑아 숭늉그릇에 걸쳐 놓고 제관들은 잠시
동안 고개를 숙이고 서서 기다린다. 숙사소경肅竢少頃이다.

- 사신辭神: 신을 보내는 절차이다. 숭늉그릇에 걸쳐 놓았던 숟
가락을 내려놓고 메 뚜껑을 덮는다. 모든 제관이 두 번 절하
여 신을 작별한다. 축관이 제주에게 읍을 하며 '이성利成'이
라고 말하여 행사가 순조롭게 이루어졌음을 고한다. 제주도
답례로 읍을 한다. 집사가 퇴주하고, 신주의 도자와 뚜껑을
덮는다. 축문을 태우고 신주를 사당으로 모신다.

- 철상撤床과 음복飮福: 철상은 제사상의 음식을 거두고 여러
제구祭具들을 치우는 절차이고, 음복은 조상이 남기신 복된
음식을 제관들이 나누어 먹는 절차이다. 철상은 빠를수록 좋
고, 음복은 경건해야 한다. 원래 음복례까지가 제사의 절차이
기 때문에, 의관을 갖추고 경건한 자세를 유지하다가 술잔을
입에 대고부터 자유롭게 대화를 나눈다. 세 명의 헌관은 독상
을 받고, 대축과 집례는 겸상을 하며, 나머지 제관은 둘러앉
아 먹는 것이 원칙이지만 요즘은 편의에 따른다.

이상의 절차에는 다른 집안 혹은 다른 제사와의 차이점이 있다. 정리해 보면 다음과 같다.

첫째, 선강후참先降後參이다. 강신을 먼저하고 참신한다는 말이다. 이 문제는 예로부터 논란이 많았고, 현재에는 대체로 지방紙榜을 모시고 제사를 지낼 때는 강신을 먼저 하고, 신주를 모시는 제사에서는 참신을 먼저 하는 것으로 알려져 있다. 신주가 없으면 혼백을 모셔 와야 하고, 신주가 있으면 혼백이 이미 강림한 것으로 간주하는 것이다. 그러나 혼백이 이미 계시다면 강신례를 군이 할 필요가 없으니 모순이다. 여러 예설을 살펴보면, 신주를 모신 사당에서 행하는 명절 차사와 지방을 모시고 행하는 기제에는 선강후참하고, 신주를 사당 밖으로 모셔 내어 행하는 기제와 산소에서 행하는 묘제에서는 선참후강하는 듯하다.

그러나 이 집은 제사의 종류와 장소에 관계없이 모든 제사에 선강후참한다. 혼령을 모시는 절차가 없으면 모르되 절차가 있다면 먼저 모셔 놓고 절을 드리는 것이 옳다는 것이다. 점필재佔畢齋 김종직金宗直의 종가와 한훤당寒暄堂 김굉필金宏弼의 종가가 이 집과 같고, 봉화 닭실의 충재冲齋 권벌權橃의 종가는 반대로 모든 제사에 선참후강한다.

둘째, 강신례를 거행할 때 제주가 분향과 뇌주 시 각각 재배한다. 이 사항도 예설이 분분하다. 분향은 하늘의 혼을 부르는 절차이고 뇌주는 땅의 백을 부르는 절차이니 혼과 백을 다 모셔 놓

172

고 절을 해야 한다는 입장과, 혼이라도 오셨으면 인사를 드리지 않을 수 없다는 입장이다. 이 집은 후자의 견해를 따른다.

셋째, 헌관이 향로 위에서 술잔을 돌린다거나, 젓가락을 음식 위에 걸치는 행위를 하지 않는다. 유식례 때 다른 종가에서는 초헌관이 일어서서 주전자를 들고 직접 술잔에 붓기도 하는데, 이 집에서는 대축이 부복하여 메 뚜껑에 따른 술을 올리면 집사가 받아 첨작한다. 모두 동작을 가볍게 하지 않는 정중함의 표현이라고 생각된다.

넷째, 일반 기제사에서 아헌은 종부가 올린다. 초헌은 모든 자손을 대표하는 종손이 맡고, 아헌은 집안의 부녀자들을 대표하는 종부가 맡으며, 종헌은 외손과 방손을 대표하는 연장자가 맡는다. 응와의 불천위 제사에는 종부가 아헌관을 맡지 않는다. 불천위 제사는 사사로운 개인의 제사이기보다는 공적인 의미가 크기 때문이다.

이 밖에도 각각의 의미를 부여한 여러 절차들이 있지만 차별성이 있는 네 가지만 소개하는 것으로 그친다.

3. 응와의 묘제

　　응와의 불천위 제례에 덧붙여 응와의 묘제墓祭를 간략히 소
개한다. 묘제는 춘추로 산소에 올리는 제사이니 묘사라고도 한
다. 예전에는 춘추였지만 요즘은 가을에 한 번 지낸다. 본래 날짜
를 정해 거행하였으나, 현대인의 바쁜 생활에 부응하여 음력으로
10월이 되고 나서 첫 번째 일요일로 정해 지낸다. 응와의 산소는
원래 성주의 명계산에 있었는데, 적산의 농서 산소 아래로 옮겼
다가, 다시 합천군 숭산리의 매화산 자락으로 옮겼다. 이곳에는
원래 응와가 직접 터를 고른 부인의 산소가 홀로 있었는데 이장
하면서 부인과 합폄合窆으로 모셨다. 묘위답을 경작하며 4대째
산소를 돌보는 집이 있어, 제수는 모두 이 집에서 장만한다.

응와 묘소의 상석과 혼유석

응와 묘소의 좌우에 있는 석양

예전에는 묘제 전날 제관들이 들어와 편을 높이 괴고 제수를 점검하였지만, 요즘은 당일에 모인다. 제수는 아직 옛 법도가 남아 있어, 편과 삼적三炙이 있고 6과와 건어를 올리니 주과酒果로 지내는 다른 산소와는 비할 수 없이 풍성하다. 편은 대두고물편과 절편, 인절미를 괴는데 예전에는 켜 수를 정해 괴었으나 지금은 적당하게 쌓는다. 집사분정은 없으며, 묘제에는 유식례를 하지 않는 원칙에 따라 삼헌 후에 첨작도 없다. 대체로 강신, 참신, 초헌, 독축, 아헌, 종헌, 숙사소경, 사신의 절차로 거행하고, 산소 옆에 별도로 설치한 산신석山神石에서 산신제를 지낸다. 산신제는 당일에 제주의 소임이 없는 지손이 제주가 되어 지낸다. 부정을 꺼린 탓이다. 산신제까지 끝나면 그 자리에서 음복을 하고 다른 산소로 이동한다.

응와종가는 전통을 고집하지 않고, 때의 마땅함을 좇아 많은 개혁을 하였다. 20여 년 전에 문중의 의견을 모아 4대봉사를 2대봉사로 줄였고, 새벽 제사에서 저녁 제사로 바꾸었으며, 사미당, 농서 등 선대의 산소를 파분하고 묘원墓苑을 설치하여 납골함으로 한곳에 모셨다. 다만 김천의 돈재 산소와 합천의 응와 산소는 예전대로 존치하여 묘제를 봉행한다. 이러한 개혁을 부정적으로 보는 시각도 있지만, 시대의 변화에 적응하며 조상을 합리적으로 모시는 지혜라고 해야 할 것이다. 모든 제사의 근본은 추원보본追遠報本의 정신이다. 오늘의 나를 있게 한 조상에 대한 사무치는 감사의 마음이 없다면, 아무리 예법이 삼엄하고 제수가 풍성하더라도 허례虛禮일 뿐이다.

제6장 건축에 남은 향기

1. 응와종택의 과거

북비고택으로도 불리고 있는 응와종택은 한개마을 성산이씨의 발상지이다. 성산이씨가 한개에 입향할 당시의 종택 자리인 관계로 대초당大草堂이라고 불러 왔다고 한다. 1721년(경종 1)에 처사 이이신李爾紳(1689~1744)이 매입하고 수리하여 응와종택의 터전을 잡았다. 북비고택이라는 명칭은 이이신의 아들인 돈재 이석문의 '북비北扉'에서 유래한 말이다. 돈재가 살았던 옛집이기에 북비고택이 된 것이다. 돈재가 살았던 원래의 터는 오늘날의 북비채이다.

여러 기록을 보면, 돈재의 아들 사미당 이민겸 대에 이미 북비채 이외의 별도 건물이 있었던 것이 분명하지만 규모는 정확하게 알 수 없다. 옹와종택이 지금의 규모를 갖추기 시작한 것은 돈재의 손자 농서 이규진이 1821년(순조 21)에 정침을 신축하고부터다. 이어서 옹와가 1845년(헌종 11)에 기존 건물을 증축하여 사랑채인 사미당四美堂을 낙성하고 폐허가 된 북비채를 중건하여 현재의 규모를 이루었다. 그 뒤 1899년(고종 36)에 옹와의 작품에 맞추어 대문을 솟을대문으로 증축하였고, 1910년(순종 4) 5월에 사당을 증축하였다.

충절과 문한을 면면히 이어 온 이 가옥은 1983년에 경상북도 민속자료 제44호로 지정되었다. 현재 정면 6칸인 안채를 비롯하여 사랑채, 안사랑채, 사당, 북비채, 대문채 등 6채로 구성되어 있고, 북비채는 별도의 담장으로 구획되어 있다. 원래 북비채에 있었던 장판각과 안대문채, 아래채 등은 남아 있지 않다. 없어진 안대문채는 중문간채, 방앗간, 고방 등으로 이루어진 6칸으로 안채 맞은편 남쪽에 있었으며 아래채는 안채의 동쪽에 지금의 안사랑채와 마주 보며 있었다. 이제 이 건물들의 면면을 살펴보자.

응와종택의 안채

2. 응와종택의 현재

1) 안채

정면 6칸, 측면 1칸 반으로 이루어진 박공지붕의 정침이다. 농서가 처음 정한 규모가 유지되면서 몇 차례 수리하였다. 높이 쌓은 돌 기단 위에 일자형一字形으로 자리를 잡았고, 자연석 주춧돌 위에 둥근기둥을 세웠다. 2칸 대청의 동쪽에 온돌방 2칸, 서쪽에 온돌방 1칸이 서로 마주 보며 배치되어 있다. 건물의 동쪽 끝에 부엌이 있으나 지금은 사용하지 않고 건물 뒤쪽을 확장하여 입식부엌을 마련하였다. 대청의 구조와 기둥의 양식이 19세기 초엽의 건축양식을 잘 반영하고 있다.

만약 안대문채와 동쪽의 아래채를 복원한다면, 안사랑채와 함께 독립건물 4동이 '입구 자' (口)로 배치되면서 안마당과 사랑마당이 구분되는 전형적인 반가의 구조를 보일 것이다. 정침대청 대들보에 '금상이십일년신사이월초구일今上二十一年辛巳二月初九日'이란 묵서가 있다. 1821년(순조 21) 2월 9일에 상량하였음이니 농서가 정침을 신축한 시점이다.

2) 사랑채

정면 4칸과 측면 5칸이 ㄱ자로 연결된 가장 돋보이는 건물이다. 지붕은 팔작지붕이며 돌로 쌓은 기단 위에 자연석 주춧돌을 놓고 기둥을 세웠다. 정면 4칸이 ㄱ자로 굽어 남쪽으로 돌출한

응와종택의 사랑채

부분에는 통문通門으로 된 긴 마루방과 온돌방이 설치되어 있고 그 뒤쪽 북편에 부엌이 있다. 부엌의 동편으로 각 2칸의 사랑방과 뒷방이 남북에 겹으로 배치되어 있으며 동쪽 끝으로 1칸의 마루가 있다. 응와의 불천위 제사는 이 사랑마루에서 거행한다.

북편을 제외한 건물 전체를 툇마루로 둘렀는데 남으로 돌출한 부분에는 난간을 설치하였다. 전해 오는 이야기에 따르면 이 건물은 헌종의 모후인 조대비趙大妃(익종비 신정왕후) 친정집의 건축 양식을 따랐다고 한다.

마루 중앙의 '응와凝窩'라 쓴 응와 자필의 편액을 비롯하여, 처마 곳곳에 농서 자필의 '농서農棲', 지암遲菴 이동항李東沆이 쓴 '사미당四美堂', 창암蒼巖 이삼만李三晚이 쓴 '호우毫宇' 등의 편액이 즐비하게 걸려 있다. 마루의 벽에는 응와의 「호우명毫宇銘」이 걸려 있고, 남쪽의 마루방에는 응와의 「경침와기警枕窩記」가 걸려 있다.

3) 안사랑채

안채와 사랑채는 모두 남향인데 이 두 건물의 중간에 직각으로 서서 안과 밖을 구획하는 건물이 안사랑채다. 정면 4칸, 측면 1칸의 박공지붕으로, 돌기단을 쌓고 지었다. 서재로 사용하는 2칸의 방이 통문으로 연결되어 있다. 창고가 1칸 있었는데 현재

응와종택의 사당

욕실로 개조하여 사용하고 있다. 방과 창고 사이에 부엌 1칸이
있으나 지금은 사용하지 않는다. 현재 이 건물의 용도가 서재이
므로, 북비채 마루에 걸려 있던 '독서종자실讀書種子室' 편액을 떼
어 이 건물에 걸었다.

4) 사당

사당은 안채와 사랑채 사이에 북쪽으로 들여다 지었다. 정

면 3칸, 측면 1칸 반의 박공지붕이다. 사당의 대들보에 적힌 명기를 보면 1910년에 상량하였는데, 아마 원래 있던 사당의 규모를 넓혔을 것이다. 보통 사당에 신주를 모실 때는 매 신주마다 감실을 따로 만들어 봉안하는데, 응와종택의 사당에는 감실이 없고 신주가 노출된 채로 열향列享되어 있다. 또한 일반적으로 사당은 주거공간과 떨어져 있고, 별도의 담장이 있지만, 이 집은 담장도 없고 주거공간과 인접하고 있다. 산 자와 죽은 자의 거리를 두지 않은 구조인 것이다. 죽어서도 자손과 가까이 있는 구조가 정겹기도 하고, 검약한 가풍의 반영인 듯도 하다.

5) 북비채

대문을 들어서면 바로 우측에 '북비北扉'의 편액이 걸린 일각문이 있고, 이 문을 들어서면 반듯한 마당에 남향한 4칸 건물이 소박하게 자리 잡고 있다. 북비채다. 그 옛날 성산이씨가 한개마을에 들어와 처음 살았던 '대초당大草堂'이며, 돈재가 충의를 지키며 살았던 공간이다. 북으로 낸 사립문이 일각문이 되어 오롯이 남았으니 참으로 소중한 공간이 아닐 수 없다. 그러나 이 건물은 돈재의 아들인 사미당 대에 이미 상주하는 공간이 아니었다. 응와가 「독서종자실기」에서 밝힌 바처럼, 마을 젊은이들의 독서 공간이 되어 별채로서의 기능을 하고 있었다. 그러므로 응

북비채

와가 자손들의 글 읽는 소리를 기대하며 '독서종자실'의 편액을
이곳에 걸었던 것이다. 아마 기록은 없지만 사미당 대에 별도의
안채가 있었을 것이다. 응와 당대에 규모를 줄여 중건한 까닭에
건물이 소박하지만 응와종택에서 가장 유서 깊고 의의가 큰 공간
이다. 정면 4칸, 측면 1칸의 박공지붕으로 마루가 2칸이고 방이 2
칸이다.

6) 대문채

길에서 응와종가의 대문을 보자면 고개를 들어야 한다. 대문으로 가는 5~6미터의 길이 경사가 가파르기 때문이다. 이 가파른 경사를 올라가면 솟을대문이 솟아 있고, 그 솟을대문에는 해사海士 김성근金聲根이 '응와세가凝窩世家'라고 쓴 큼직한 편액이 높이 걸려 있다. 3중의 위용을 과시하고 있으니 찾아오는 사람들을 압도하는 기상이 있다. 문과의 품계로 정삼품 통정대부 이상이 당상관이고, 당상관이 되면 호칭이 '영감令監'이 된다. 영감이 승진하여 정이품이 되면 호칭이 '대감大監'으로 바뀌니, 영감은 정삼품, 종이품의 호칭이고, 대감은 정이품 이상의 호칭이다. 솟을대문은 바로 이 대감이 되어야 세울 수가 있었다. 문에서부터 이 집이 '대감댁'임을 드러내는 것이다.

솟을대문을 포함하는 대문채는 정면이 3칸 반이고 측면이 1칸이다. 대문이 1칸이고 대문에 붙은 협문이 반 칸이며, 마구가 1칸이고, 청지기가 거처하던 방이 1칸이다. 협문이 별도로 있는 것은 청지기나 하인들의 출입을 위한 것이다. 협문 설치는 서울 사대부의 살림집 양식이 향촌에 도입된 것이라 한다. 대문의 대들보에, '금상즉위삼십육년기해팔월계유이십일기미사시입주상량上卽位三十六年己亥八月癸酉二十日己未時立柱上樑'이란 묵서가 있으니 1899년(고종 36)에 응와의 직품에 맞추어 대문채를 증축한 것이다.

밖에서 올려다본 솟을대문

안쪽에서 바라본 대문채

3. 만귀정

만귀정 계곡은 가야산의 숨은 보석이다. 사람들은 해인사까지 길게 뻗은 홍류동이 좋다고들 하지만 만귀정 앞을 흘러가는 300여 미터의 아기자기한 아름다움은 눈 밝은 사람들이 찬탄해마지 않는다. 홍류동의 아름다움은 길어서 장관이지만, 만귀정 계곡은 짧아서 소중하다. 이곳에 터를 잡고 정자를 지을 줄 알았던 응와의 안목이 놀랍다. 이곳은 불과 30년 전만 해도 사람들이 많지 않았다. 필자가 가끔씩 들르면 인적 없는 그 한가로움이 기꺼웠는데 이제는 피서철이면 골짜기가 인파로 발 디딜 틈이 없다.

응와는 경주부윤을 그만둔 60세에 이 건물을 지었다. 1851

만귀정 계곡

년이다. 봄에 관리사를 짓고 7월에 공사를 시작했다. 건물의 기둥을 세우던 날 밤, 관리사에서 잠을 자던 청지기 조문재曹文在의 꿈에 흑려장을 짚은 신선 셋이 나타났다. 한 신선은 푸른 옷을 입었고, 두 신선은 흰 옷을 입고 있었다. 마루에 앉더니 조문재를 불러 말하였다. "주인영공主人슛公이 이곳에 정자를 지으면서 우리 몰래 하다니 유감이다. 너는 바삐 가서 고하라" 하였다. 조문재가 꿈을 깨고 반신반의하다가 다시 잠들었다. 이번에는 금빛 갑옷을 입은 장군이 병졸 둘을 데리고 말을 타고 왔다. 다짜고짜 조문재를 잡아들여 호통을 쳤다. "이곳은 내 땅이다. 이영공李令 公이 나에게 땅을 빌리지 않고 누구에게 빌린단 말이냐" 하였다. 조문재가 깜짝 놀라 잠을 깨는 순간 굉음이 들렸다. 세워 놓은 기둥들이 모두 무너져 내린 것이다. 정신이 번쩍 든 조문재는 이튿날 아침 한개마을로 급히 사람을 보내어 응와에게 이 사실을 고하였다. 응와는 제물을 갖추어 보내 공사 책임자로 하여금 산신제를 지내게 했다. 이후 공사가 끝나도록 별 탈이 없었다. 응와는 이 사실을 「영건기실營建記實」이라는 글 속에 적어 두었으니 신기한 일이다.

10월에 건축을 마쳤는데, 뒤에 방이 3칸이고 앞에 마루가 2칸이며, 별도로 지은 정자가 2칸이었다. 그 뒤 대문 2칸과 고사庫舍 2칸을 추가로 세웠다. 먼저 지었던 관리사가 6칸이었으니 모두 17칸의 대역사였다. 산골 깊은 곳에 갑자기 이런 큰 공사가 벌어지니 사람들이 북적댔다. 전해 오는 이야기에 의하면, 만귀정 공사를 위해 마을 하나가 갑자기 생길 정도였다고 한다.

공사를 마치고 여기저기에 이름을 붙여 편액을 걸었다. 마루의 가운데는 오여재吾與齋를, 왼쪽과 오른쪽은 각각 종우헌踵雩軒, 수조루水調樓의 편액을 걸었다. 수조루 아래의 방은 병촉실炳燭室이라 하고, 동쪽 처마에는 고송유수각古松流水閣을, 서쪽 처마

만귀정(위)과 만산일폭루(아래)

에는 장연호월헌長煙晧月軒의 편액을 각각 걸었다. 이 모두를 만
귀정晚歸亭이라 이름하였다.

　만귀정 아래로 지금도 도랑이 흐르는데 물소리가 듣기 좋
다. 침우천枕雨泉이라 부르고, 나무를 엮어 다리를 만들고 돌을 쌓
아 제방을 만든 뒤 쇄연교鎖煙橋, 농의제弄漪堤라 하였다. 농의제
아래에 작은 무논이 있었는데 연못을 만들어 연꽃을 심고 고기를
길렀다. 세심지洗心池라는 이름을 붙였다. 세심지 가운데 돌을 쌓
아 둥근 섬을 만들고 무극도無極島라 하였다. 세심지 위에 예스럽

고 오래된 돌이 있어 선천석先天石이라 하고, 도랑 옆의 큰 돌 두 개에 관동암冠童巖, 우인석羽人石이라는 이름을 붙였다. 폭포 앞의 평평한 돌은 호어기濠魚磯라 하고, 정자 앞의 돈대를 귤선대橘仙臺라 했다. 폭포 위에 큰 바위 세 개는 각각 철적대鐵笛臺, 요금대瑤琴臺, 도가대櫂歌臺라 하였다. 폭포는 분합폭分合瀑이라 하고 정자는 만산일폭루萬山一瀑樓라 이름 지었다. 이름에 따라 글자를 새기고, 포천구곡의 제7곡인 석탑동 길옆의 바위에 '만귀동문晩歸洞門'의 네 글자를 새겨 모든 일을 끝냈다.

　지금의 만귀정은 본채 4칸, 만산일폭루 1칸, 관리사 3칸, 대문 1칸이 전부다. 본채가 정면 4칸 측면 2칸이니, 이를 8칸으로 본다면 17칸이 13칸으로 준 셈이다. 여러 차례의 중건을 거치면서, 응와 당년에 비해 모습도 많이 바뀌었고 주변도 많이 변했다. 응와가 가꾸었던 그 모든 것들이 허무하게 사라졌다. 더러더러 새긴 글자들만 남아 있다. 글 읽고 시 읊조리며 고담준론이 오가던 이 이름다운 곳이 이제는 유람객이 고기 구워 술 마시는 곳으로 변해 가고 있으니 마음이 아프다.

제7장 지켜 가는 마음

1. 종손, 그 지난한 자리

    종손은 되는 것이 아니라 하는 것이다. 스스로 종손이 되고자 하여 되는 것이 아니고, 종손으로 태어났으니 역할을 해야 하는 자리이다. 영남의 최고 벼슬은 퇴계 종손이라는 말이 있는 것을 보면 종손이 명예로운 자리임은 분명하다. 그 옛날, 문중 사람들이 모일 때면 문중의 어른이 아무리 나이가 많고 항렬이 높아도 아랫목의 상석에는 종손이 앉았고, 논의가 분분할 때도 종손의 한마디 말씀은 좌중을 정리할 수가 있었다. 이제는 시대가 많이 변했다. 현대의 종손은 명예는 사라지고 책임만 남았다. 좀 더 세월이 흐르면 그 책임마저 사라질 것이다. 그러면 종손은 없다.

    응와종가의 종손 이수학李洙鶴 선생도 이런 고민이 많다. 젊

은 시절 성균관대학교를 졸업하고 교육공무원이 되어 교육청의
관리국장, 도서관장 등을 역임하고 고향에 돌아와 종가를 지키고
있다. 이 시대의 보편적 감각을 지닌 70대 후반의 그이기에 지켜
왔던 과거는 역력한데, 지킬 수 없는 안타까움을 품고 사는 듯했
다. 과거는 흘러갔고 미래는 다가오는데 어떤 가치를 어떻게 지
켜야 할 것인가는 우리 모두의 고민일 터이지만, 응와 종손에게
는 이 고민이 더욱 커 보인다. 면담록을 통해 그 책임의 무게를
나누어 보자. 2012년 가을, 응와 산소에서 묘제를 마치고 종택으
로 돌아와 종가연구팀들과 이루어진 면담이다. 면담의 일부를
다듬지 않은 구어체 그대로 제시한다.

> 문: 종손으로 살아오시면서 겪으신 일들이나, 생각하셨던 일들을
> 여쭤 보려고 합니다.
> 답: 참 우리 50년대 60년대 저마다 곤란했잖아요? 그 시대를 거치면
> 서, '종손 이거는 전생에 죄 지은 인간이 하는 게 종손인 갑다.
> 이 종손을 벗어나는 어떤 방법이 없는가?' 고민하고, 나중에야
> 인제 참 깨달았어. 사람이 인생을 살아가는 데 모면할 게 있고
> 모면 못할 게 있는데. 이긴 내가 모면 못할 거다, 이거는 내 숙명
> 이다. 이왕 할 거면 옳은 종손 노릇 하고 가는 게 내 도리요, 참
> 되고 뜻있는 삶이 아니겠나. 그래 내 마음을 고쳤어요. 그 전엔
> 방황도 많이 했지.

여기 집에 와서, 조상님한테 감사한 마음을 주체하지 못해요.
이런 집을 주시고, 나한테 너무나 많은 걸 주셨어. 정신적 물질
적인 걸 주신 데 대한 보답으로 종택을 가꾸고 보존하는 데 정성
을 다하고 있어. 우리 집에 들어서면 그 정성이 느껴질 겁니다.
안식구는 우리 형편에 넘치는 지출을 걱정하는데, '조상님한테
들어가는 돈, 돈으로 생각하지 말자'고 말합니다. 위선爲先을
돈으로 생각하면 돈 못 씁니다. 베푸신 은혜에 보답하는 거다,
그래 내가 지금 참 그거를 하고 있고.
이십여 년 전에 내가 사대봉제사를 양대로 단행했어요, 불천위
는 놔두고. 신문에 나오이, '저 사람 응와 종손이 이럴 수가 있
느냐?'고 질책도 하고, 또 용기를 복돋아 주는 사람도 있었어요.

문: 사대봉사를 양대봉사로 줄이신 일은 종가가 오늘날 현대적인
삶의 방식에 맞춰서 변화하신 것일 수도 있을 것 같은데요?
답: 인생은 계주요. 다음 세대가 바통을 받고 이런 건데, 다음 세대
가 뛸 수 있도록 해 줘야 되지. 그리고 우리가 현실적으로 우리
가 변해야 돼요, 세태에 따라서. 안 그러면 자기만 뒤떨어져요.
내가 그때 제사 참석하는 제사가, 일 년에 우리 집 제사, 대소가
제사까지 하면 사십 몇 번이라. 제사만 지내로 댕기다 마는 기
야. 9월만 되면 10월 묘사를 어떻게 넘길까 하는 두려움에 빠집
니다.

문: 그러면 이제 앞으로 차종손분이나, 다음 세대들에게도 종가를 지켜 나갈 때는 변화하는 시대에 맞춰서 그 정신을 계승하기를 당부하시는지요?

답: 사람이 눈감고 나면, 살아 있는 사람 지 마음대로입니다, 그건 어쩔 수 없어요. 그래서 세대 간에 소통이 중요한 겁니다. 아들, 손자들이 여기 들어와서 스스로 보고 느껴서 자긍심과 긍지, 그리고 올바른 판단을 할 수 있도록 하지. 그렇다고 너무 이야기는 안 합니다마는, 느끼고 보고 이런 거. 또 손자하고도 스킨십도 하고. 한 집안이 화목하고 흥성하자면 세대 간에 소통이 필수적입니다.

내 생가의 어머님은, 우리 어머니는, 내가 참 양가 독신입니다, 참 귀하게 컸어요. '너 자애自愛하라'는 말, 자신을 사랑하란 말. 처음에는 그 말이 무슨 말인지 몰랐어요, 이 세상에 지 자신을 지가 사랑 안 하는 사람이 어디 있나 싶어가 말이야. 내가 그 어머니 말씀하시던 자애라는 그 뜻을 참말로 진작 알았더라면 내 삶은 아주 풍요로워졌을 거 아닙니까, 참 뒤늦게 알았어요. 인간이 저마다 자기를 사랑할 줄 알면 범죄도 없고 아무것도 없는, 이 세상이 참 멋진 세상 아닙니까?

그다음에 우리 아버지께서는, 다른 거는 없어서도, 뭐 그래가 내가 뭐 잘못해서 거짓말하면 그거는 마 벌이 열 배는 넘십니다. 그래서 나는 전부 아이들한테 그럽니다, 정직해라, 그리고 자신을 아껴라. 그리고 감사할 줄 아는 마음을 가지는 거 그겁니다. 참 우리 대가족제도 좋습니다. 할아버지 할머니한테 배웁니다. 자애라는 걸, 사랑의 젖줄을. 우리 내외 바쁘게 다니고 이러니까, 할아버지 할머니한테 가(자식)들은 사랑을 물씬 먹고 자랐어요, 그게 가들이 오늘의 그게 아니냐. 나는 자식들한테 엄하기만 했지.

우리 선조께서 무괴심無愧心, 부끄러움 없는 마음가짐을 말씀하셨어요. 인간이 부끄러움 없이 산다는 게 불가능하지만, 그렇게 노력하는 마음가짐이 중요하다고 생각합니다.

나는 아이들한테 돈 얘기 해 본 적 없습니다. 돈을 벌기 위해서 뭐 어쩌고 카는, 그런 거는 나는 얘기를 해 본 적이 없고. 할아버지 할머니 무한한 사랑이 야(아이)들을 참 그하게(반듯하게) 키우지 않았나 그래 생각합니다. 나는 아들들이 반듯하게 커 준 거는 마 할아버지 할머니한테 받은 거로. 우리 내외는 한 것도 없어요.

문: 결국 그러면 조상님들, 부모님들한테 들으신 것들을 자녀들한테 이어 주시는 그런 것이겠네요?

답: 그래, 내 부모님께서는 하나뿐인 아들을 큰집에 보내고 항상 나보고 하시는 말씀이 있어요. "네 애비, 어미의 생애는 니가 앞으로 큰집을 어떻게 하고 어떻게 살아가느냐에 따라서 내 생애도

빛날 수도 있고 망칠 수도 있다. 네게 달렸다, 니가 큰집을 잘 그 해주고 커 가주면 우리가 죽고 나서도 내 생애는 빛나는 거고." 그보다 무서운 말이 어디 있습니까? 그걸 무겁다 카면, 그보다 무거운 짐을 지고 끙끙거리면서 지금껏 살아오고 있습니다. 적어도 내 아버지 어머니한테 그런 자식이 돼서는 안 되겠다는 것. 부모님 생전에 "너의 위치는 잘못은 요만치 잘못해도 이만치 커지고, 잘한 거는 요만치 잘해도 이만치 빛난다." 항상 그런 말씀을 하셨거든요.

그리고 내가 우리 참, 요새 뭐 집 한번 보수할라 그러면 돈이 얼마나 드갑니까? 사랑채를 보수를 하고 나니까, 아버지가 눈물을 흘리시더라고. 나 아버지 눈물을 처음 봤어요. "이제 내 저승 가서도 조상님 뵐 면목이 있다." 이카시면서, '아, 큰집을 지키는 게 이런 일이구나.' 나 여지껏 말합니다, 요새 뭐 초등학생 아이들 보니까 숙제로 가훈을 써 오라 캅디다. "가훈이 무슨 필요 있노?' 캅니다. 부모의 행동이 가훈이야. 가훈 그거 떠벌려 놓으면 뭐해요 그거? 나 며느리한테 그럽니다. "아버님 우리 가훈이 뭐예요?", "가훈이 무슨 필요 있노? 너거(너희들) 행동이 자식들한테 바로 가훈인데."

문: 어머님 아버님 얘기 잠깐 해 주셨는데, 부모님과 관련된 일화나, 종손으로서의 삶에 대해 교훈을 주신 말씀이 있으시다면?

답: 내 몸도 소중하지만, 부모가 있음으로써 내가 있잖아? 우리 요
새 그걸 망각하는데. 나는 늘 그렇습니다. 어머님을 생각하면,
항상 호수에 잔물결이 일렁이는 게 어머니에 대한 그리움이고.
아버지에 대한 그리움은 자주 안 옵니다. 노도와 같은 파도가 한
번씩 확 친다고. 자주 오는 거는 아니고. 그런데 어머니를 생각
하면 항상 나는 눈물에 젖어요. 천금 같은 너를 소중하게 생각하
란 말씀을 어머님의 넋두리로만 생각했어. 모두 내 잘못이지.
나만 알고 양가독신으로 컸으니 어때, 내가 제일이란 가당치 않
은 착각으로 부모님의 기대를 저버렸어.

나는 삼 년 전에, 내 큰 혁명 했어요. 우리 8대조(돈재), 5대조(응
와) 산소는 손을 못 대요. 유명한 어른 산소는. 나머지 산소는 전
부 납골묘를 조성해서 모셨어요. 나도 죽으면 화장해서 거 들어
가요. 응와종가 영침원永寢苑이라고 이름을 지었어요. 그래 여
바로 동네에 저 산 위에 있는데, 나는 그걸 참 잘 했어요. 전에
시월달만 되면 묘사 때문에 혼이 났는기라. 딴 골짝에 가서 헤
매고 말이야.

납골묘 한곳에 칠십 두 위를 모셔요. 그러면 국가적인 차원에서
도 우리가 토지 관리가 얼마나 잘됩니까? 나는 납골묘 주변을
수목으로 가꾸어 공원으로 가꾸고, 역사의 장이 되고, 추원과 보
본의 장이 되고, 화합과 소통의 장이 되도록 했어. 그거 참 현명
했지?

문: 참 큰 결단인 것 같습니다. 문중이며 자손들이 다 놀랐을 것 같은데요?

답: 인제 그래 안 하면 앞으로요. 쳐다보지도 안 합니다. 아까도 내가 얘기했지만, 그걸 하면서 양대 신위를 매안을 합니다. 그때는 내가 속으로 통곡을 했어요, 왜 내 대에 와서 이걸 단행해야 되냐. 가족 묘원에 이장하는 것은 그거보다 더 큰일 아닙니까? 더 소중한 것을 잃어버리기 전에 끝자락이라도 잡아야 되겠다는 절박한 심정에서 결단했기 때문에, 제사를 양대로 단행할 때처럼 애절한 죄책감을 못 느꼈습니다. 후련하게. 이것이 잘못이라면 모든 죄는 나 혼자 안겠다고, 비문에도 밝혔지만은.

문: 종손으로 살아오시면서 힘드셨던 일은?

답: 어떤 큰일을 당할 적에, 뭐 경제적인 그런 걸 내가 감당할 수도 없고. 어쩔 때는 뒷산에 올라가가 소나무라도 끌어안고 엉엉 울고 싶을 때도 많았지. 그 심정, 주체하고 객체하고는 틀립니다. 객체가 주체를 이해 못합니다, 접근할 수는 있지만. 엉엉 울고 싶을 때가 한두 번이 아니죠. 종가의 책임을 감당할 수 없을 때 느끼는 자괴심은 정말 처참해요. 종손 아니면 모릅니다. 그리고 집안 어른들이 너는 종가를 위해서 희생해야 된다는 말씀을 하실 때 오싹한 전율을 느꼈어.

문: 종손으로서의 어려움 이면에 자긍심이나 깨달음 같은 것이 있다면?

답: 아까도 얘기하잖아, 모면하는 방법 없으니까, 천상 나는 저승에 죄 지어서 당나귀로 태어났다. 당나귀가 연자방아 돌리는 게 이게 종손이라고 삐뚤어지게 생각한 적도 있었지. 인생에 삶에 있어서 모면할 게 있고 모면 못할 게 있어, 모면 못할 거 같으면 옳게 해야 한다는 자각의식이 있었지. 지금은 어머님의 반대에도 외동아들을 큰집에 입후시켜 종손으로 만든 아버님의 결단에 감사합니다.

문: 종가에서 불천위 제사를 모실 때 강조하는 정신이 있으시다면?

답: 저 어른이 우리 집에 등대 아닙니까, 지금도 물심양면으로 저 어른 혜택을 많이 보죠. 아까 만귀정 그거 보고, 내 보고 성주 갑부라 캅니다. "내가 무슨 갑부고?", "만귀정 그거만 해도." "나는 그거 돈으로 계산 안 한다. 난주 만귀정이 돈이 된다고, 얼마 계산하고 그러면 그때 우리 집 망했을 때다. 그때 가서 망했을 때나 돈 맹글어 갈 생각이 나지, 그런 생각 하지 마라." 그러지. 난 그거 돈으로 환산해 본 적도 없고.

문: 평소에 종손의 처신으로 유의하시는 점이 있으시다면요?

답: 조상과 가문에 누를 끼치는 사람이 되어서 안 된다는 두려움에

언행과 처신에 두려움을 느끼지. 한개카면 성주서는 양반마을로 소문나 있는데, 한개카면 양반 카는 게 따라 옵니다. 나는 그 소리 제일 듣기 싫어요. 양반의 개념을 바꾸자 그겁니다. 내가 양반이라고 정의 내리는 사람은 염치 알고, 도리 알고, 한 시대를 앞서가는 사람이 양반이라고 보는 거야, 모범적인 사람. 염치 알고 도리 알고. 난 어릴 때 댕기면 "한개 새양반 아이가, 새양반 아이가." 지금 생각하면 진짜배기 새양반이 되어야 돼. "아 보면, 저 사람은 참 저 어른 자손답다." 이래 돼 줘야 되지, 안 그러면 조상 팔아먹는 사람밖에 안 되는 거야. 나도 거기서 완전히 자유로울 수는 없지만.

날 보고 종손이라고 양반 중에 젤 높은 양반이라 그러는데, 나는 그러면 화가 납니다. 단, 나는 양반이 되려고 노력하는 사람입니다. 나는 그 말은 간곡하게 부탁하고 싶습니다. 불천위 제사 모신다고 전부 양반 아닙니다. 언행과 처신이 양반다워야 양반이지.

2. 종부의 삶

　　응와종부 조정자曺靜子 여사는 1941년생으로 1938년생인 종
손 이수학 선생과는 세 살 터울이다. 24세에 결혼하여 50년을 종
가의 안주인 자리를 지켰다. 본관은 창녕이며 매계梅溪 조위曺偉
(1454~1503)의 후손으로 김천 사대반문四大班門의 한 집인 봉산면
봉계마을 출신이다. 이 집안은 대대로 노론으로 처신하여 한개
마을의 남인과는 색목이 달랐으나 어렵사리 혼인이 이루어졌다.
이수학 선생이 백부·백모가 모두 돌아가신 뒤 양자 들어갔기 때
문에 조정자 여사는 결혼하면서부터 차종부가 아니라 바로 종부
였다. 비록 생가의 시어른들을 모시고 살았지만 신분은 어엿한
응와 종부였던 것이다.

종부의 자리는 누리는 자리가 아니라 바치는 자리다. 안팎이 유별하니 종손처럼 밖으로 나가 대우받는 명예도 누릴 수 없고, 말은 집안의 안주인이지만 정성을 다해 희생해야 하는 주인이다. 이것이 바침(獻身)이니 종부의 자리는 바치지 않으면 안 된다. 이렇게 바치는 아름다움을 부덕婦德이라고 한다. 이 부덕이라는 이름 아래 얼마나 많은 조선의 여인들이 자신을 바쳤던가! 종부의 삶은 이 바침의 극치다. 시댁의 조상을 위해 자신을 바치고, 시댁의 명예를 위해 자신을 바치고, 남편과 자식을 위해 자신을 바친다. 그러면 사람들은 현모양처라고 하고 훌륭한 종부라고 하니 종부의 삶은 고단하지 않을 수 없다.

조정자 여사가 시집올 당시에 이 집의 제사는 불천위를 포함한 기제사가 11위였고, 설, 한식, 단오, 추석, 동지 등 사당에서 올리는 절사節祀가 다섯 번이었다. 9대 종가의 산소에 지내는 묘사도 묘위답이 없는 산소는 종가에서 제수를 마련해야 하니 모두 종부의 일이었고, 대소가의 제사에도 제수를 장만하러 가야 했다. 일단 시댁 조상을 섬기는 일만으로도 감당하기가 쉽지 않았을 것이다. 자녀 양육을 비롯한 일상적인 가사도 소홀히 할 수 없으니 늘 일은 겹친다. 응와 집안의 사람들은 종부가 부덕을 갖추었다고들 한다. 아름다운 칭찬이지만 헌신 없이 들을 수 있는 칭찬이 아니다. 녹취록을 통해 응와 종부 조정자 여사와 만나 보자.

문: 종부로 오셔서 힘드셨지요?

답: 네 뭐. 그런데 이렇게 힘들 줄은 몰랐지, 처음에는. 종부라 해도 이렇게 힘들게 사는 줄은 몰랐어.

문: 종부로 보내시면서 친정어머님이나 아버님께서 당부하신 말씀 은?

답: 그래 뭐, "우째든지 시댁에 가면 잘하라" 카는 그거지 부모님은. 우예든지 잘해서 잘 살아야 된다, 이러셨지.(웃음)

문: 처음에 시집오시면 시어른들이 당부도 하시고 부탁 말씀도 하 셨을 것 같은데요?

답: 근데 우리 시어른들은 그런 말씀도 안 하시고, 잘해 주셨어. 잘 해 주셨어요. 특별히 말씀하신 것도 없고 그리고 뭐 그래 잘하 라, 잘하라 소리도 안 하시고 내 하는 대로 그냥 보고 계시더라 고. 그리고 우리 어른들은 참말로 말씀도 항상 잘해 주시고. 그 래 참 하나도 그거 한 게 없었어요, 그래 수월했지. 어른들 잘해 주시고 이러니까.

문: 그 시절은 봉제사나 접빈객이 지금보다 더 강조되던 시대였죠?

답: 그리고 제관도 많고. 제관이, 우리 대구에 아파트에 살 때 아파 트에 현관까지 들어찼어. 그때 제관 많을 때라. 애들 어리고 할

때 그때는 제관이 많았거든.

문: 지금하고 비교해서, 제례 모습이 바뀐 점이 있다면요?
답: 제례 모습 뭐 바뀐 거 있나, 뭐 제사 잡수면 잡숴야 되고, 묘사
　　때 되면 묘사 잡숴야 되고 그렇지.

문: 규모면에서는?
답: 규모는 조금 줄인 택이지. 뭐 줄였다 할 수도 없고, 그래그래 옛
　　날 그대로 잡숫는 거지.

문: 그러면 시집오셨을 때하고 지금하고 비슷하게 유지가 되고 있
　　으신 건가요?
답: 예예, 우리 때하고 지금하고 비슷하게.

문: 혹시 불천위 제사 때 올리는 음식 중에 다른 댁과 달리 이 댁에
　　서만 특별하게 쓰시는 음식이 있으신지요?
답: 그런 음식은 뭐, 불천위 제사라도 우리 하는 거 다 하고 그래 하
　　는데. 저거, 집장을 우리 불천위 제사 때는 꼭 하거든. 그거를 해
　　가지고. 집장 하는 게 조금 힘든다 그럴까, 조금 그래요.

문: 조리 방법은 따로 있으신지요?

답: 조리 방법은, 야채 가지 고추 뭐 부추 박. 박을 이제 이렇게 해 가지고 그래서 메줏가루, 요새는 메줏가루도 여도(넣어도) 되지만은, 요새는 그거 뭡니까, 누룩. 누룩을 이제 해 가지고 엿 놓고 이렇게 버무려요. 버무려 가지고 그래 단지에 항아리에다가 담아 가지고 왕겨, 왕겨 그거를 많이 한 몇 포대 사다가 그걸로 항아리를 덮어요. 덮어 가지고 왕겨 불을 피워서 하루 종일, 딱 하루 만에 그거를 내는 거예요. 그게 이제 집장이거든. 그거는 제사 때마다 하지, 집장은.

문: 시집 오셔서 시어머니께 배우신 거겠네요?

답: 네네, 오니까 오는 날부터 그때 제사 때부터 그랬고. 우리 어른이 하셨어요.

문: 살아오시면서 특별히 힘드셨거나 특별히 보람 있는 일이 있으시다면요?

답: 보람 있고 뿌듯한 거는, 우리 큰애가 사법고시 돼 가지고, 아이고 그때 내 참말로 말도 못하게, 말할 수도 없이 뭐 보람이 있었지. 아이고, 그래도 학교 다닐 때, 대학 다닐 때, 야(큰아들) 서울 법대 나왔거든. 대학 다닐 때 그 공부하고 방학 때 되면 차 태워 데리고 다니던 생각을 하면은 그 고시 된 게 너무너무 내가 감격

스러운 거라. (웃음) 제일 감격스러운 일은 그거고. 제일 힘들었던 거는 우리 어른 편찮으셨을 때, 그때가 제일 힘들었고.

문: 어르신들 작고하신 지가 얼마나 되셨지요?

답: 작고하신 지가 79년에 안어른이 그래 돌아가시고 사랑어른이 84년에 돌아가시고. 아들 고시 되는 거 그거를 못 보고 가셨지. 어른 계셨을 때 고시 됐으면 참 얼마나 좋아하셨을 건데, 그거를 못 보고 가셨지.

문: 큰며느님 보신지도 좀 되셨지요? 며느님들의 부담을 줄이거나 아니면 종가의 문화를 알려 주려고 당부를 하시거나 그러시진 않으셨나요?

답: 뭐 당부할 게 뭐 있어요, 제사 잡숫는 거 저거 와서 보면 잘 알고. 우리 큰며느리가 참 잘해요, 뭐든지 잘해요, 칠칠하게. 큰며느리만 왔다 하면 나는 걱정 안 할 만큼 잘해. 모두 다 며느리들이 다 잘해. 다 뭐 음식도 잘하고. 가 보면 모두 깨끗하게 해 놓고, 내가 오면 부끄러울 정도로 깨끗하게 해 놓고 살림도 잘하고.

문: 며느님들이 네 분 계시니까 종부님 손도 덜어 드리고 앞으로 살림을 맡기셔도 든든하실 거 같으신데요?

답: 네, 그렇지요. 이제 내 없어도 저거가 잘하지.

문: 그럼 종부님은 아들 대에, 손자 대에는 그 시대에 맞춰 가지고 해 나가기를 바라시는 건가요?

답: 그렇지요, 이제 저거가 맞춰서 살아야지요. 우리는 우리만큼 살다가 가면은, 저거가 들어오면은 저거대로, 종손 종부카고 그래 살겠지. 지금 뭐 종손 모임에도 우리 아들 나가고 있어요. 그러니까 저거(차종손 내외)한테는 뭐라 할 것도 없고, 우리가 이야기할 것도 없고. 제사 때고 뭐 이래 와서 보면 다 아는데 뭐 다시 말할 거 없죠. 잘해요, 우리 며느리들은 정말 살림 사는 거 보면 깨끗하게 잘 살아요, 아이구 나는 그거 보면 참 잘한다 싶어요, 말할 게 없어요.

문: 시대에 맞게 세대에 맞게 맞춰 살아가면서도, 그래도 어떤 정신이나 마음만은 이어져야 하는데 싶은 것은 혹시 없으세요?

답: 저거 사는 대로. 우리 아이들은 다 착해요, 우리 손자들은. 그래서 뭐 더 일러 주고 할 말이 없어요, 저거가 보고 자라고 우리 보고 이래 하면.

참고문헌

『憲宗實錄』.
『哲宗實錄』.
『高宗實錄』.
『承政院日記』.
『隆陵誌』.

李廷賢, 『月峯先生實記』.
李奎鎭, 『農棲遺稿』.
李源祚, 『凝窩全集』.
李震相, 『寒洲全書』.
李驥相, 『敏窩集』.
李承熙, 『韓溪遺稿』.
李基元, 『三洲集』.

경북대 퇴계연구소, 『응와 이원조의 삶과 학문』, 역락, 2006.
_____, 『한주 이진상 연구』, 역락, 2006.
연세대 건축과, 『성주 한개마을』, 연세대출판부, 1991.
이명식, 『경북성주의 한개마을 문화』, 태학사, 1997.
이세동 · 정병호 역, 『星山誌』, 성주문화원, 2010.